U0020695

藍學堂

學習 · 奇趣 · 輕鬆讀

Resonate

Present Visual Stories that Transform Audiences

矽谷最有說服力的
|不|敗|簡|報|聖|經|

簡報女王的

故事力

南西・杜爾特 Nancy Duarte ——— 著　毛佩琦 ——— 譯

父親，我想念你。

「祕密在於以語言表達人類生活。」
美國小說家尤多拉・韋爾蒂（Eudora Welty）

好評讚譽

「南西‧杜爾特把優秀的簡報歸結為『好故事』，這是連結人與人的要素。做為一位領導者，你需要讓話語產生連結，說服並改變他人。所以下一次做簡報前，千萬別忘了拜讀本書！」

李夏琳（Charlene Li），奧特米特集團
（Altimeter Group）創辦人、《開放式領導》作者

「說故事、同理心和創造力是人們溝通、學習與成長的重要關鍵。本書指導我們如何以有意義並富生產力的方式獲取並精通這些才能。」

畢茲‧史東（Biz Stone），推特（Twitter）共同創辦人

「本書帶你走上一段美好的旅程──它描述如何建構並傳達那種非同凡響、讓人記憶深刻，甚至改變世界的簡報。任何有野心讓世界變得不同的人，都需要閱讀這本重要的書。作者再次做出卓越貢獻！」

賈爾‧雷諾茲（Garr Reynolds，《簡報禪：圖解簡報的直覺溝通創意》
（Presentation Zen）、《赤裸演說家》（The Naked Presenter）作者

「TED最清楚散播出去的想法如何改變世界。讀了本書之後，你就能學會傑出、能被重複並造成改變的想法。」

湯姆‧萊利（Tom Rielly），TED大會社群總監

「作者知道一個祕密，也不吝於分享：如果你有意想藉簡報達成某事、如果你有目的性地說故事、如果你準備引發想要的改變，那麼一定會成功。本書有力地打動你做出該選擇。」

賽斯‧高汀（Seth Godin），講者、部落客、作家

「事實與故事、影像與設計、傳達資訊與感動人心之間，有著巨大的差異。這些差異區分出那些大聲喊叫卻不被聽見，以及輕聲細語卻得到清晰響亮回應的差別。這是一本絕妙的書，有著強而有力的想法、令人愉快的視覺呈現，以及改變生命的觀點。」

珍妮佛‧艾克（Jennifer Aaker），史丹佛大學商學院泛大西洋行銷教授、
《蜻蜓效應》（*The Dragonfly Effect*）共同作者

「領導力和學習的核心是說出好故事。本書不僅具有啟發性、更給讀者方法，讓他們去指導、打動、鼓勵觀眾不光是聽，還要改變並採取行動。世界需要的遠不止於此！本書值得珍藏，是『說服』領域中值得一讀再讀的好書。」

賈桂琳‧諾佛葛拉茲（Jacqueline Novogratz），聰明人基金
（Acumen Fund）創辦人、《藍毛衣》（*The Blue Sweater*）作者

「作者再顯鋒芒！本書不只是安可曲，一應俱全！有前奏、有中段、有尾聲，保證讓你的提案一鳴驚人。做得好，杜爾特！」

雷蒙‧納斯爾（Raymond Nasr），推特公司顧問

「終於，有人把故事的力量融合到簡報中了！」

戴蒙‧林道夫（Damon Lindelof），《*LOST*》影集共同創始人

「作者比任何人都懂簡報。這與投影片無關。本書充滿妙趣、見解深刻，教你如何運用故事的力量重塑思想、為簡報注入活力！所有必須站在觀眾前說服他們的人，本書是必讀之作。」

丹尼爾‧品克（Daniel H. Pink），《動機，單純的力量》（*Drive*）、
《未來在等待的人才》（*A Whole New Mind*）作者

「杜爾特的方法向讀者清楚說明：轉變是關鍵。大部分的講者未能考慮如何帶領觀眾，以及將走向何方的目的性，更遑論去建構它了。」

丹‧盧因（Dan'l Lewin），前微軟企業副總裁

「作者是這時代最會說故事的人之一。謝謝作者讓我們一窺簡報幕後祕辛，並學習他的天賦！」

馬克‧米勒（Mark Miller），福來雞（Chick-fil-A）訓練與發展部門副總裁

「下次要說故事的時候，記得一定要備有作者的書做為你可靠的指南。在高低起伏、淚水與掌聲之間，作者將助你在神祕、迷人又強大的說故事世界中找到自己的說故事之道。」

克里夫‧艾金森（Cliff Atkinson），《跳脫框架，用視覺說故事，
以小搏大的逆轉勝簡報術》（*Beyond Bullet Points*）作者

「寫一本鼓舞人心的溝通書是個挑戰，因為內容主張必須經過驗證，但南西‧杜爾特做到了。本書令人讚嘆、信服又非常實用。像顆寶石一樣珍稀！」

派屈克‧藍奇歐尼（Patrick Lencioni），圓桌管理顧問公司的創辦人、
《別再開會開到死》（*Death by Meeting*）作者

「多數簡報的問題出在講者打開PowerPoint之前，根本沒有具說服力的故事可講。本書解決了此難題。這是世界頂尖的簡報設計者南西‧杜爾特的另一經典鉅作。這本書永遠在我的書架上占一席之地，位置就在杜爾特的《視覺溝通：讓簡報與聽眾形成一種對話》（*Slide:ology*）旁！」

卡曼‧蓋洛（Carmine Gallo），溝通技巧教練、《大家來看賈伯斯》（*The Presentation Secrets of Steve Jobs*）作者

「本書教你如何把資訊變為能跟觀眾產生連結的故事，還能激勵他們採取行動。這本強大又具突破性的好書是主管、創業者、學生、教師、公務員等任何有想法、想推動自己想法者的必讀之作。」

卡倫‧塔克（Karen Tucker），邱吉爾俱樂部（Churchill Club）執行長

「自從競選七年級班長以來，沒有什麼比優秀的溝通者更讓我感到興奮。這段漫長旅程中，我從未真正明白如何才能成為一流的溝通者，直到讀完南西‧杜爾特的這本書。閱讀、吸收並實踐本書說的內容，你將成為出色的溝通者。謝謝你，南西！」

肯‧布蘭查（Ken Blanchard），
《一分鐘經理》（*The One Minute Manager*）的合著者

目錄

行家才知道的簡報祕技

丹恩·波斯特（Dan Post）杜爾特設計總裁

好的簡報就像魔法一樣，帶給觀眾驚喜。優秀的講者就像魔術師，除了經常練習外，二者都不太願意公開演出背後的訣竅。魔術師之間，只願意分享祕密給那些真心想學習、夢想成為魔術師的人。同樣地，南西·杜爾特也提供獨一無二的學習機會，給那些認真看待簡報的人。

本書破解如何編排、塑造帶給觀眾革命性體驗的隱形代碼。

一切要從成為更好的說故事者開始著手。擁有影響他人信念並對新觀念產生認同，是永不過時的能力。說故事的價值超越語言和文化。在我們快速邁向人際之間日新月異的連結、「異花授粉」（cross-pollinated）[1]的創意、數位效果的未來之際，故事仍是人類管理想像力與無數資訊最強而有力的平台。說故事是人類經驗不可或缺的一部分，更勝其他任何一種溝通形式。那些掌握說故事之道者，通常都具有強大的影響力和歷久不衰的無形資產。

南西·杜爾特了解如何對準想法，創造影響世界的迴響。過去沒人如此專注地把掌握簡報空間當成一門學問來研究，也很少有人深耕客戶側寫和溝通，

---

1. 作者以植物學的「異花授粉」描述不同領域的想法交流融合，或可激盪出嶄新的創意。

挑戰這些更廣泛的跨領域範疇。作者充滿熱情地建構這些系統，好讓創意成果可為人複製且擴增。

南西‧杜爾特對於流程有永不滿足的好奇心，她以持續不懈的動力編寫其他人不願化為規格說明的做法。

歷經二十餘載以及多次經濟循環後，作者吸引了許多傑出人才至她旗下，並以她不凡的願景，讓組織成為業界的領導者。事實上，杜爾特設計公司目前已與世界前五十大品牌的半數，以及許多創新的思考家合作過。本書的分析與見解顯然十分出眾。

知道魔術戲法，無法讓你變成魔術師。你要做的不光是看說明而已。每位優秀的講者都會認真學習如何讓自己的想法臻於完善並加以呈現。他們琢磨推敲自己的文字、調整結構，並且勤於練習。他們不斷尋求意見並隨之修正。

如果優秀的簡報那麼容易創建與傳達，就不會成為如此強大的溝通形式了。本書專為那些有企圖心、有目的，而且職業倫理超群的人所設計。

本書的概念輔以熱情與目的，將加速你的事業軌道前進，或推動你的社會目標。在杜爾特設計公司，我們每天都看到這類事情發生。在職業自我精進上，少有這種如此大的追求潛力。你所需要的，只是一個想法。歷史上多數有影響力的講者，包含那些書中分析的人，都是以一個絕佳的好點子開始的。你可能正在醞釀那種等級的點子，或者只差一些投影片而已，但不管如何，都要公開你的想法，這樣我們才能從中獲益。

南西‧杜爾特希望你變成一位思想領袖，希望你能帶給我們其他人結構和方向，讓我們得以探索各種挑戰與機會，並協助解讀自我的目標。他期待你在混亂中理出頭緒，希望你坦率、喚起感情、激勵人心並有說服力。最重要的是，他相信你能激勵人們採取行動，為我們更好的福祉努力。

Enjoy the journey!

好好享受你的旅程！

用簡報改變你的世界

王永福／頂尖上市企業簡報教練及職業講師、
《上台的技術》《教學的技術》作者

南西‧杜爾特一直有「簡報女王」的尊稱，他的書從最早的《視覺溝通：讓簡報與聽眾形成一種對話》，到後來的《跟誰簡報都成功》（*HBR Guide to Persuasive Presentations*），都非常的精采。這本《簡報女王的故事力》，同樣也有著非常高的品質！身為國內許多上市櫃公司的簡報教練，看到這本書翻譯成中文，是非常開心的！因為本書作者最早在台灣流傳的一段簡報影片「*Five rules for creating great presentations*」（中譯：精采簡報的5大原則），就是由我翻譯，並在他來台灣演講時，當面得到他的祝福。他也很期待有更多簡報資訊能被中文化，讓簡報愛好者有更好的參考資源。

從實務及應用的角度出發，好的簡報技巧，不管國內或國外的想法都很一致。譬如我總是在簡報教學時強調「簡報的核心是用來說服」，本書的前言一開始就談到「簡報是極有力的說服工具」。扣住「說服」這個核心來看本書，大家才更能了解為什麼作者要先談「共鳴」、為什麼會利用故事架構及英雄旅程？這一些都是為了創造更棒的簡報說服力。本書也強調要與觀眾進行強力連結，因為「說服，意味著你要求觀眾以某種方式進行改變」。細看本書，你會發現書中隱含了許多增強說服力的強大心法。

翻到書的中段，一看到「便利貼」及「結構化」，我不禁微微一笑，這就

是我每天在教學現場、以及自己簡報時，都會用的工具啊！善用便利貼工具，順著觀眾期待的邏輯來建立結構。透過開場、過程、結尾，最後再留下讓觀眾難忘的訊息……。這本書不僅教你心法、也教你技法，真的是簡報者必備的案頭工具書啊！

　　作者在書的最後，總會強調：「用簡報改變你的世界！」，你也許會想……這做的到嗎？就讓我跟你分享一個：發生在我身邊的簡報故事。

　　去年（2019）底，景美拔河隊的總教練郭昇（也就是志氣電影裡那個教練的真實角色），因為被酒駕者追撞，造成頸椎骨折下半身癱瘓。在知道這個消息的第一時間，我跟合夥人憲哥，邀請了好朋友 Adam、 Benson、MJ、Tracy，一起合辦了兩場聯合演講，用簡報及演講的方式，為郭教練募集復健基金。當天的演講，我用了許多不同的簡報技巧，呈現了鐵人精神、以及訓練的過程，最終在結束鈴聲響起的當下，連結到郭教練的事件。現場的觀眾又哭又笑，留下極為深刻的印象！而一起上台的每一個好朋友，也都全力準備，做出最高水準的簡報。

　　整件事件後來慢慢公開，逐漸被社會大眾所關注。郭教練也在大家的幫助下，靠著家人及拔河隊們的鼓勵，還有自己的不放棄，開始創造奇蹟，慢慢在復健之路上有了起色！就在本書出版的時候，郭教練又重新帶領了拔河隊，前進國外比賽，為國家爭取更高的榮譽！也為自己的未來創造一些不同的改變。

　　一場簡報，是真的可以改變世界！至少，可以改變你身邊的世界！也希望本書帶領你，改變你的簡報世界。

　　福哥向你誠心推薦！

簡報就是你專屬的亮點時刻

蘇書平／為你而讀執行長、
《我在微軟學到的模組簡報技術》作者

你覺得簡報有可能成為吸引觀眾眼球的好電影嗎？當我第一次讀到這本《簡報女王的故事力！矽谷最有說服力的不敗簡報聖經》，讓我對簡報溝通有了重新的認識。

簡報技巧是有效溝通的一部分。透過有效的方式傳達你的想法，才能讓線上與線下的聽眾，接受你的想法。

本書透過大量知名的電影創作、音樂戲劇、TED演說、企業家以及政治家的演講稿，告訴你如何透過故事模板與不同的內容結構對比呈現方式，抓到對方的溝通頻率產生共鳴。

很多成功的演講者，都會運用表演技巧提升他們的溝通魅力，其實，演講者的工作和演員的工作有相似的部分。相較於靜態的訊息，觀眾更喜歡的是動態的故事。

作者南西‧杜爾特在書中，分析了大量成功演講與電影神話的構成元素，告訴你如何透過這些元素，讓溝通訊息在觀眾的心理產生視覺化的效果，將對方帶入你的簡報故事裡。

我很喜歡書中提到的一個概念，其實簡報就是想辦法讓你和觀眾之間的接觸點產生情感衝突，這樣才能創造讓對方畢生難忘的亮點。任何的故事與電

影，沒有亮點，你就不會產生深刻的記憶點。

　　那你要如何創造屬於自己的簡報亮點時刻？這邊我想和你分享三個我覺得很有用的技巧：

1. 如果有大量的數據圖表要呈現，請嘗試讓這些數字變得有意義。書中透過一個知名網路公司思科Cisco的案例，把這些數據變化的結果轉換成一個故事結構，更容易引起對方的興趣。

2. 如果人們可以隨時輕鬆想起、複誦，並傳達你的訊息，代表你在訊息傳達方面成功了，想辦法在你的簡報中植入一些簡單清楚、可以被重複的金句，讓對方可以輕鬆記住。

3. 想辦法運用電影結構的傳達手法，如時間對比、空間對比、因果關係等，讓溝通訊息可以創造出情感上的反差，放大你的訊息效果。

　　只要你能讓對方成為簡報故事的主角，他們更能夠接受你的觀念與想法，產生改變、採取行動。

　　如果你也想要和這位世界500強企業指定的御用簡報家學習如何成為超級演說家，非常推薦你這本好書。

所有的外在呈現都是為了內在的說服

孫治華／簡報實驗室創辦人

　　這次南西・杜爾特將說故事的十二大轉折與簡報架構做了一個跨界整合的嘗試，看著整合了故事十二原型的觀眾心路歷程圖，你會突然發現原來要說服一個人，**應該要先了解他們的內在轉變**，但是針對不同的對象、不同的目的，每一個觀眾內在的感受都會不同，這時要是有人協助你將觀眾內在的轉變細分成十二個階段呢？你會不會更有系統地了解觀眾？（在這邊我建議讀者可以很緩慢地閱讀第66頁的觀眾的心路歷程，體會觀眾的感受）

　　我們常說「**簡報是為了說服**」所以我們用盡心力準備資料去說服觀眾，但是仔細思考自己準備的資料，是不是真的**正向地解讀與分析個案**？我們有沒有想過**每當遇見一個新概念時，觀眾內在都有一個「拒絕招喚」階段**，也就是所謂的拒絕改變？針對這樣的階段，我們準備好資料去說服他們了嗎？

資料無法說服抗拒的人，你要讓自己成為引導者

　　也許你會說：「但是我準備了成功個案啊！」、「但是我有很多的資料佐證方向是對的啊！」只要有足夠的事實或是資訊就可以說服人，那我們何必需要簡報？提供書面資料就好了，不是嗎？

　　這種情況下，我們也可以說，**其實你不懂拒絕者的內在矛盾**，所以我們

更需要人味，去了解觀眾的內在階段，逐漸地打破心結。理論與數據決定了方向，細節與心結決定了成敗。我很喜歡南西・杜爾特說的這段話：「『**因為邏輯被說服**』跟『**因為個人信念而相信**』**是有差別的。**」讓人相信的除了信念還有真正的同理心，所以我們在演講時除了正確的數據與事實，你還準備了哪些可以套上「同理心」這三個字的內容？

簡報可以有架構嗎？說服的細節變化萬千

舉例書中1986年美國前總統雷根面臨了太空梭「挑戰者號」墜毀事件，他的演講必須要同時滿足五種觀眾「群眾、罹難家屬、學童、前蘇聯、美國NASA」，此時有哪一種說服架構可以適用？其實只要看著書中簡報的迷你圖你會發現，簡報的動態平衡必須具備：**演講內容、聽眾內在的階段感受與時間順序的掌握。**

我覺得閱讀這本書最關鍵的點是：當我們了解了觀眾感受的階段轉變後，可以從迷你圖去拆解每一場成功的演講究竟為何成功，這就像是一個老師傅告訴你，他面對不同的情況時是如何見招拆招的內在祕笈：**從同理帶來共鳴，從共鳴走向說服。**

這本書你只看理論的部分是不夠的，你必須細讀書中的個案，只要你仔細地看完書中十五個迷你圖的個案拆解，相信你必定懂得這句話：「**對於講者而言，一場成功演講的第一步，就是真誠地將目光從自己身上轉到觀眾身上（內在感受）。**」

最後也期許大家可以從這本書中一窺高手在規畫簡報中的一百個細節。

一本覆盤大師演講的簡報書

黃祺浩／簡報設計師、Keynote 小王子

　　這本書是國際簡報溝通大師南西・杜爾特的知名著作*RESONATE：Present Visual Stories that Transform Audiences*的中譯本，2011年在台灣出版後賣到絕版，導致很多想買的人都買不到（包含我），經過8年終於有機會可以收藏這本書。

　　對我來說，這是一本訓練自己觀察「好的演講者」的輔助工具，書中有一套完整的分析方式，帶你拆解優秀演講內容的鋪陳，讓你知道如何學習大師們的簡報風采。同時，這本書不只拿來閱讀，強烈建議要互相參照書中的內容分析與實際演講案例影片，才能得到最大的效益，你會感受到彷彿南西・杜爾特即時轉譯大師演講的覆盤分析！

　　好的簡報就像一個動人的好故事，但那不表示你非得在簡報中說故事。

　　坊間簡報溝通的相關書都會提到，上台簡報的人如同一個說故事的人，導致不少人以為上台簡報就是要講故事，然而，從本書中你可以了解，重點不是真的在簡報中說故事，而是掌握說故事的節奏，意思是，怎麼把你的簡報內容以故事節奏鋪陳，才是真正的關鍵。不是真的要講一個什麼故事。

　　書中，南西・杜爾特討論到一個重要的觀念：簡報中的英雄是誰？我這邊試著做一個測驗，你覺得英雄會是：

a. 演講的人

b. 演講的內容

選好了嗎？你是選a還是b呢？

答案是不論你選了哪一個，你都需要好好看這本書，因為**真正的英雄是觀眾**，這就像大部分人做簡報時會遇到的情境，我們很容易陷入自己主觀的角度，不是過分在意自己的表現，就是過度在意演講的內容，而大大忽略了觀眾的狀態。

在簡報中過分在意「自己」的人，會容易在台上自吹自擂，讓觀眾覺得夠了，知道你已經很厲害，可以停止了嗎？而在簡報中過度在意「內容」的人，會劈哩啪啦地秀出一個又一個令人望文生畏的數據報表、參考文獻，讓觀眾們感到枯索無味。

南西．杜爾特提到，你要做的是成為一位引導者，觀眾才是故事中的英雄。

從這邊你就可以了解，為什麼前面我提到你不用在簡報中說故事，你的目的是引導觀眾能夠在你的簡報內容中身歷其境，跨越障礙，得到他們想要的王冠。這本書充分揭露，一場好的簡報會有怎麼樣的英雄旅程。透過作者的分析，你可以輕易地站在簡報巨人的肩膀上，你會知道未來如何用你的簡報，為觀眾帶來一段美好的旅程。

眾生畏果　菩薩畏因

RainDog 雨狗／簡報奉行創辦人

下午斜射的陽光

注意：當你打開這本《簡報女王的故事力》時，要先知道他並不算新書，而是一部經典著作的十週年紀念版。

需要如此特別強調，是因為原文書自2010年問世以來，這十年間就像一道下午斜射的陽光，已在無數本談論故事型簡報的書籍中，留下了好長好長的身影；所以對於關心簡報的你來說，在書店初次翻閱的過程中，可能會看到一些似曾相識，或是覺得自己已經知道的內容，而對本書的價值產生錯估，進而錯過了保有並收藏他的機遇。

另一方面，十年過去了，這段期間每週都在狩獵美、日、歐、中簡報新書的我，可以很負責任地向你保證，直到2020年的此刻，還沒有出現任何一本關於故事型簡報的書籍，無論就開創性與啟發性，或是整體的格局與完整度，能接近《簡報女王的故事力》的高度。他是那些影子的主人，他是一切源頭的活水，他是值得你放在書架反覆閱讀的簡報案頭書。

從激發熱情到保持冷靜

「過去一年曾經上台簡報過的朋友可以舉個手嗎？」

這是時常到各大企業進行簡報內部培訓的我，總會進行現場田野調查的一個問題。結果發現：這個比例平均低於3％！苟若其情，那簡報是否變成了一

種學成無所用其巧的屠龍技？

就現實意義而言，或許在短期之內，你並沒有上台簡報，引起聽眾共鳴，激發觀眾熱情，甚至進而產生行動、造成改變的機會；然而對於一般人來說，學會拆解簡報成功的公式套路，至少可以讓你下次沉浸在一場激動人心的簡報情境時，能夠保持一定程度的冷靜與理性克制，可以讓你減少金錢的損失風險，降低情感被利用、背叛的可能，也阻止了寶貴生命的蹉跎與浪費。

一念地獄，一念天堂

從2010年到2020年，每年產品發布會被譽為中國科技界春晚的錘子，如今信用已完全破產；現在被戲稱為「PPT驅動型企業」的樂視，也曾靠著一場場故事型簡報，創造出一個新媒體泡沫帝國。我們還見證了美國女版賈伯斯的惡血募資騙局，也看到台灣有越來越多的詐騙組織，利用簡報講述成功故事來招攬會員與非法吸金。流氓會武術，誰也擋不住；「說好一個故事」，到最後變成了「說好的故事呢？」

誠如本書作者南西·杜爾特在「不要用簡報做壞事」章節中所言，簡報是一種強而有力的說服工具，在犯罪中可以發揮極大的作用。十年後再讀到這位簡報女王的曠野呼聲，更能體會歷史總是重複發生，人們很難學到教訓的這不變真理。朋友，我只希望你永遠不會是那下一隻待宰羔羊。

故事可以編，看完《簡報女王的故事力》後，你要編好一個故事更不難。但是套用另一位也被公認為簡報宗師的美國前總統林肯之名言，你可以暫時欺騙所有人，也可以永遠欺騙一部分人，但終究不能永遠欺騙所有人。

為了簡報的成功，你編出一個好故事；如果你真的想成為故事中的那位主角，你會變成一個更好的人。

前言
一門受用一生的學問

語言和力量密不可分。口語把某人的想法從腦子推到外面的世界，其他人則有可以選擇採納或拒絕這些話的效力。一個想法從成形到被採納並非易事，但如果有好的簡報加持，就可以打贏這場仗。

簡報是極為有力的說服工具，如果善用故事的結構加以包裝，你的想法可能變得所向無敵。數百個世代以來，我們所知的每個文化都以故事來說服或娛樂人們。

二年前，我開始研究故事如何運用在簡報上。那些造成改變而廣為流傳的簡報，宛如有童話般的魔法加持。我們公司過去曾為一些高明的公司與專業機構創造出數千個簡報，這些內容讓我投身研究那些自己不清楚的領域：劇作、文學、神話、哲學——我任自己被帶向一段引人入勝的旅程。

在初期的研究中，我偶然看到一張圖表（如下），這是德國劇作家古斯塔夫・弗賴塔格（Gustav Freytag）1863年所繪製，他以這張圖來展示希臘劇和莎士比亞劇常見的五幕結構，顯示出戲劇故事的「形狀」。戲劇朝著高潮推進，最終事件落幕。

我看到弗賴塔格的金字塔時，就覺得強大的簡報一定也有它的輪廓，只是不太清楚形狀是怎樣。我知道簡報和戲劇

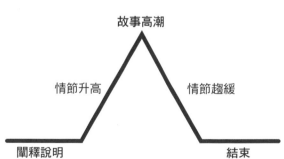

故事高潮

情節升高　　　　　　　情節趨緩

闡釋說明　　　　　　　　　　　　　結束

故事不同，簡報中幾乎不會有單一主角的故事堆疊，朝著某高潮時刻推進。簡報層次較多，有不同的資訊要傳達。戲劇故事只有一個高潮是最重要的事件，優秀的簡報則朝好幾個高峰移動，往前推進。

我永遠忘不了自己勾勒出簡報輪廓的那個週六早晨。我知道如果畫對了，那麼應該可以套用在兩個截然不同，卻同樣影響重大的簡報上。所以我費盡心思的分析了賈伯斯（Steve Jobs）2007年的iPhone發表會，以及馬丁·路德（Martin Luther King, Jr.）「我有一個夢想」（*I Have a Dream*）的經典演說。二者都符合我勾勒出來的圖型。我哭了。真的落淚。我覺得好像解開了一個不得了的祕密。

故事有一種神聖的力量，這種超乎自然的能力，應該被妥善運用。宗教學者、心理學家、神話學者多年來皆在研究，想找出故事這種力量的祕密。

現今是資訊時代之始。我們被太多的訊息轟炸，試圖引誘我們獲取和消費資訊（這過程一再重覆），讓人吃不消。我們處在一個自私且憤世嫉俗的時代，因此事不關己成了誘人的選項。科技提供了許多溝通方式，但只有一種真正人性化：面對面的簡報。真實的連結才能帶來改變。

你會發現「改變」是本書的主題，簡報的目的大多是為了說服人們改變。所有的簡報都有說服的成分在。這種觀念可能會讓一些人不以為然，然而，那些被歸類為「資訊豐富」的簡報不都含有想達成的目標嗎？是的。你正把觀眾從未知變為已知，從對你的主題不感興趣變成感興趣，從陷入的困境中脫離。很多時候觀眾需要對你傳達的訊息採取行動，所以你的簡報必須具備說服力。

不管你是工程師、教師、科學家、主管、經理、政治家或學生，簡報對未

來有舉足輕重的影響。未來不只是以後要去的地方,更是你將創造的地方。塑造未來的能力,取決於你是否能妥善傳達心中的未來是什麼模樣。

如何使用本書

本書是我第一本書《視覺溝通:讓簡報與聽眾形成一種對話》的前篇。我認為溝通最迫切的需求,是讓人學會如何在視覺上呈現自己的絕妙想法,讓內容更清楚,且讓觀眾吸收資訊時不至於太吃力。我還發現,有一個更深層的問題,就是美化無意義的幻燈片,就跟給豬塗口紅一樣。

簡報出了根本性的問題。本書運用故事結構來創造吸引、轉變並啟發觀眾的簡報。二十多年來,我們為世界上最好的品牌和思想領袖開發簡報,編寫出「視覺故事」(Visual Story™)這套方法,好讓你改變世界!

以下是本書的設計元素:

- 綠色 www 符號代表www.duarte.com上有更多關於該主題的材料。
- 本書以「簡報格式」(Presentation Form™)為分析工具,視覺上以「迷你圖」(Sparkline一詞,由愛德華.塔夫特〔Edward Tufte〕發明)來呈現。
- **粗體文字**適用於想快速瀏覽、馬上找到每一頁重點的讀者。
- **藍色文字**代表我個人的故事或演講摘要。
- 正文中有好多引用文,值得特別以**橘色文字**強調出來。

本書是說明兼指導手冊,也是商業上以故事傳達訊息的合理化論述。本書將帶你邁向新旅程,達到少數人才能掌握的簡報水準。我們將以故事和電影的技巧,帶你了解如何與觀眾產生連結、把他們當成英雄,並且創造引發共鳴的

簡報關鍵技巧。

投資你的時間

　　請先有心理準備：高品質的面對面簡報需要時間和計畫，但時間的壓力往往讓我們無法預先準備高品質的溝通。成為好的溝通者需要紀律，而這個能力將對個人和組織帶來豐碩的成果。

　　秀異溝通公司（Distinction Communication）最近一項調查結果相當驚人。接受調查的主管超過86％表示，溝通明顯影響他們的事業和收入，但其中只有25％投入超過兩小時來準備高風險的簡報。這之間有巨大的落差。

　　投資重要簡報所帶來的成果，是其他任何媒介都比不上的。當一個想法得到有效溝通時，人們會跟著做並且改變。精心架構與表達的文字，是最強而有力的溝通方式。書中介紹的溝通者的畢生心血就是證明。

希望你喜歡本書

Nancy

秀異溝通公司主管調查結果

1	2	3
你認為簡報技巧 對你的事業有多重要？	你認為做簡報最辛苦的 部分是什麼？	你花多少時間來練習 「高風險」的簡報？

. . . .

86.1%	**35.7%**	**12.1%**
清楚地溝通會直接影響 我的事業和收入。	編寫出好的訊息。	幾乎沒什麼時間練習。

. . . .

13.8%	**8.9%**	**16.2%**
我偶爾會做簡報， 但影響沒那麼大。	做出優質的投影片。	5～30分鐘。

. . . .

0%	**13.8%**	**17.0%**
我不用做 任何正式的簡報。	以自信的技巧做簡報。	30分鐘～1小時。

. . . .

	41.1%	**29.2%**
	以上皆是。	1～2小時。

. . . .

		25.2%
		超過2小時。

第 1 章

為什麼要有共鳴？

說服的強大力量

　　人們發起運動、購買商品、接納思想、精熟特定主題，全藉由簡報輔助。優秀的講者會改變觀眾的想法，而真正傑出的溝通者會引誘觀眾接納他們的觀念，然後採取行動，並讓一切看起來易如反掌。這過程不會自然發生。講者往往花上許多時間深思熟慮，好建構出引起深刻共鳴、觸發同感的訊息。

　　你將在本書中向一些最偉大的溝通者取經。他們形形色色、觀點各異，但都有一個共同點：讓自己的想法贏得大量支持。這些溝通者不用逼迫或命令觀眾接納他們的想法，觀眾就會自發地大力支持。

<u>傑出的溝通者</u>

激勵家
波士頓愛樂
交響樂團總監
班傑明・詹德
（Benjamin Zander）

行銷家
奇異公司（GE）
前行銷長，前副總
貝絲・康斯塔克
（Beth Comstock）

政治家
美國前總統
雷根
（Ronald Reagan）

指揮家
紐約愛樂
前交響樂團指揮家
李奧納德・伯恩斯坦
（Leonard Bernstein）

共鳴創造與人連結

　　簡報最常用於說服觀眾改變他們的思想或行為。講者提出想法,可能引來觀眾疑問的眼神或瘋狂的熱情,這完全取決於訊息傳達的優劣,以及觀眾產生多少共鳴。在一場成功簡報之後,你可能聽到有人說:「哇,我對他的話真的很有共鳴。」

　　說到底,與某人產生共鳴是什麼意思呢?

　　讓我們看一個物理學的簡單現象。如果你知道某物體的自振頻率,就可以在不觸碰該物體的情況下能讓它振動。**當物體在外部碰上有著相同自振頻率的**

物理學家
曾任加州大學教授
理察·費曼
(Richard Feynman)

傳教士
門洛帕克長老會
(Menlo Park
Presbyterian Church)
牧師
約翰·奧伯格
(John Ortberg)

企業家
蘋果電腦前執行長
賈伯斯

社會運動家
美國民權運動領袖
馬丁·路德·金恩

藝術家
現代舞蹈家
瑪莎·葛蘭姆
(Martha Graham)

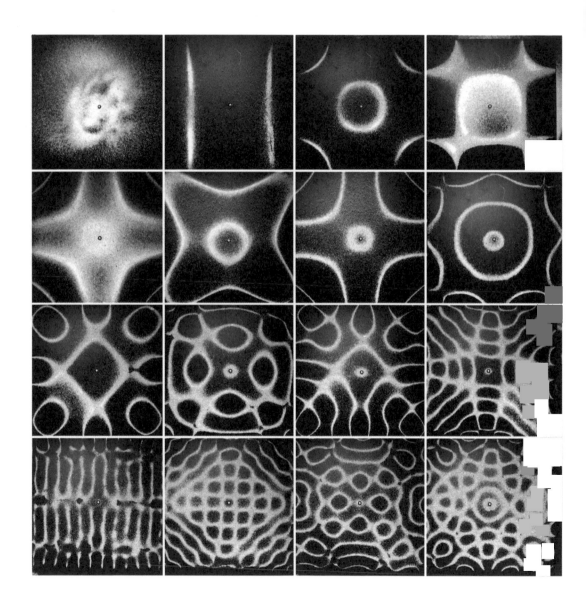

刺激時，就會產生共振反應。左圖是共鳴（共振）美麗的視覺圖像。我兒子把鹽倒在金屬板上，然後連接到擴音器，使聲波穿透金屬板。隨著頻率提高，聲波越緊密，鹽粒也跟著晃動、跳躍到新的地方，再次組成美麗的圖案，好像這些鹽粒知道自己該去哪兒一樣。<u>www</u>

www.duarte.com
有更多資訊。

　　有多少次你希望學生、員工、投資者、客戶能自行移動、劈啪做響、彈跳到自己該去的地方，好開創新未來？

　　如果觀眾在思想和目的上跟鹽一樣乖巧聽話、行動一致就好了。其實，這是可以實踐的。**如果你根據觀眾的頻率進行調整，讓訊息產生深刻的共鳴，觀眾也將展現出自我組織的行為**。你的觀眾會知道他們該到哪裡去，好跟你共同開創美好的事物，創造新潮流。

　　不過在簡報中，觀眾不必調整頻道配合你，反倒是你必須把自己的訊息轉向他們。好的簡報要求你必須了解觀眾的心理和想法，創造與現有東西產生共鳴的訊息。如果你傳達的訊息符合觀眾的需求和渴望，他們會深受感動，並願意攜手創造美好的結果。

要改變，先觸發共鳴

簡報跟「改變」息息相關。上至企業，下至所有行業、專業，都必須改變和適應才能生存。

組織都會經歷新創、成長、成熟，最後衰退的循環，除非自我改造。企業的創立，通常因為有人對改善後的未來世界提出清楚的願景，不過所謂改善後的世界很快又會變得平凡。一旦企業臻於成熟，為了避免潛在的衰退，就不能在舒適圈中經營，企業必須改變、轉換策略，應對未來才能如魚得水。如果組織不走出新路，最終難逃凋零。因此跟股東與客戶仔細溝通每一步十分重要。

企業走向未知的風險與報酬，需要有大膽的直覺，也必須這麼做才能存活下來。學習在「現況」與「願景」之間持續變動、掙扎茁壯的公司，體質比待在舒適圈的公司健康。你會發現，很多時候未來無法以數據、事實或證據量化，領導者有時必須靠直覺走過數據尚未產生的未知領域。

組織必須不斷改變與改進才能保持健康，甚至連員工會議上單純的簡報都可能成為說服平台。你必須說服團隊在未來某個明確時間點進行改組，否則可能導致組織消亡。領先下一個趨勢需要勇氣與溝通：勇於決定下一個大膽的行動，並且善加溝通，讓部隊投入堅定邁進的價值。

召集利害關係人（stakeholders）在共同行動中一起前進，是創新和生存過程中必要的一環。如果組織想掌控自己的命運，組織中各級別的領導者都必須是創造共鳴的能手。

企業轉變歷程

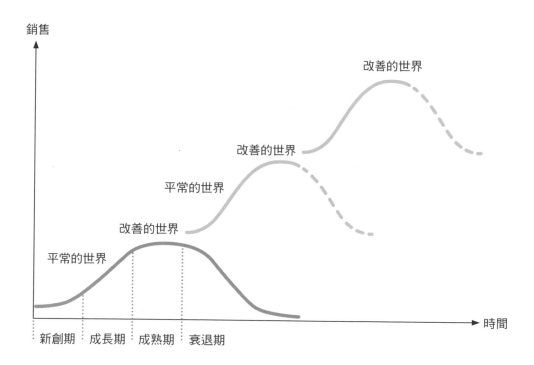

「沒有改變就沒有進步。無法改變心態的人無法改變任何事。」

愛爾蘭劇作家暨倫敦政治經濟學院聯合創始人

蕭伯納（George Bernard Shaw）

沒共鳴，好想法也胎死腹中

　　簡報是商業活動的貨幣，是改變受眾最有效的工具，但許多簡報卻很無趣。大多數簡報是溝通失敗的可怕因果，講白了就是無聊。

　　那有沒有什麼方法可以讓簡報生氣勃勃？不僅有生命跡象，而且能真正吸引觀眾全神貫注？

　　如果你曾困坐在一場差勁的簡報中，一定能馬上理解這種感受。幾分鐘內，你就判定這場簡報不盡理想，畢竟要判斷人是死是活，也用不了幾分鐘！更雪上加霜的是，全球化的沃土滋養出各種媒體文化，要抓住觀眾的注意力越來越困難。老練的廣告代理商和好萊塢製作人耗費鉅資與時間，為他們的媒體注入脈動和節奏。娛樂提高了觀眾投入心力的基準，與此同時，也讓簡報的吸引力變得微乎其微。

　　如果簡報這麼沒意思，為什麼還要做？

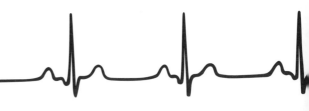

因為人們從自然天性理解到，人與人的連結可以產生強大的力量。我們渴望與人連結。從古至今，講者與觀眾之間的交流鼓動了革命、傳播了革新，甚而引發運動。**簡報以人與人接觸的方式催化有意義的變革，這是其他媒介做不到的。**很多時候，你要與人交談才能建立內心的連結，打動別人採納你的想法。**這種連結有時讓平庸的想法受到關注，而出色的想法卻胎死腹中，這一切都取決於想法怎麼呈現。**

有節奏的簡報是有高低起伏的。這些起落來自於對比，正是內容、情感和傳達的對比。就像聽到好的節奏，你的腳趾頭會一起跟著打節拍一樣，有新的東西不斷發展與展開的同時，大腦喜歡跟著這些想法走。有趣的見解和對比會讓觀眾傾身向前，等著聆聽每個新發展的結果。

為想法注入生命耗時費力。打造有趣的簡報需要深思熟慮，不是滔滔不絕就叫簡報。花精神去了解你的觀眾，仔細打造跟他們產生共鳴的訊息。這也代表你需要對這個過程投入時間與紀律。有一個簡單的方法可以判定你是否值得投入這麼多努力在簡報上。

只要問自己：我有多想要這個想法活下來？

人類只記得對比與衝突

　　講者的職責是讓觀眾「看」清楚想法。如果你的想法很出色，就會被注意到。**不引人注目，是說服力最大的敵人。**

　　你可以從相反的例子，如保護色，學到吸引力這件事。保護色的目的是融入環境，降低「被注意」的機率。溝通者在什麼時機最適合融入環境呢？答案是永遠不要。你越希望想法被採納，簡報越要突出。如果想法與環境融為一體，想法的清晰度和採納機會就隨之下降。你不能要求觀眾對不清楚的選項做出決定。

　　不要融入環境。反之，你應該與周遭環境有所對比。你必須突出、與眾不同，想法才能吸引別人注意。沒有人與生俱來吸引力，這種力量來自於，在背景的襯托下你能夠多突出。如果你和大學哥兒們一起打獵、不想被誤認為獵物時，一般會建議你穿安全的橘色。因為樹林裡沒有那種顏色，在這種環境中你會特別顯眼。

　　以溝通來說，在「環境」中突出，意味著在競爭對手中脫穎而出，甚至與自身組織形成鮮明的對比。如果希望觀眾全神貫注，你必須秀出自己的想法與現有的期望、信念、感覺或態度有何不同。當然，符合舊有的框架，比起與眾不同更顯得脆弱、感覺也安全得多。但是，藏身於汪洋中，既做不成大事，也解決不了大問題。

　　在平淡的組織中，穿著橘色標靶跑來跑去確實有點可怕。這麼做不但有風

險，在朋友和敵人間與眾不同也需要勇氣。但是，突出你的訊息非常重要，否則沒人記得住。

　　你不一定非要反對當前的訊息和內容，但卻一定要將它們從單調、傳統的溝通方式中提升起來。找出對比的機會，然後用這些對比創造迷人之處與熱情。這也是為什麼現在大大小小的簡報都很無聊，因為沒發生什麼有趣的事情。沒有對比，觀眾就顯得興趣缺缺。

簡報要有趣，先注入人性

想要脫穎而出，就要保有真自我。儘管觀眾由人組成，我們卻常剝奪簡報的人性。許多公司要求員工把毫無意義的文字拼湊在一起，再依投影順序講出來，好像自動播放器一樣。還有，我們的文化常規是讓講者置身於幻燈片後面，彷彿這才是老練的溝通形式。請看右邊的投影片，這些都是拿現實中的簡報內容當例子，裡面每一張投影片中的句子皆毫無意義。明明簡報的目的是為了吸引並引誘客戶購買產品或服務，真是用錯餌了。

講者認為自己可以藏身在一堆術語後面，但其實觀眾真正想在簡報中看到的，是人與人之間的連結。目前來說，最人性化、最透明、最能產生關連的溝通形式，是兩個人有共同的信念，並根據這樣的信念建立起連結。簡報是產生連結最理想的機會，因為這是人們少數親自參與的互動之一。

深層的連結，是優秀簡報脫穎而出的關鍵。建立連結是一門藝術，如果做得夠好，結果可能很驚人。保有人性並且勇於冒險，是一切創意成果的基礎。敢冒險，表示你願意探索直覺告訴你可能成功的事，不光用頭腦判斷就決定放棄。這是孕育創造力與人性的最佳狀態。不幸的是，許多社會文化並不鼓勵冒險，加上許多工作場所限制人與人之間的連結。

喋喋不休的專業話術，讓溝通不冷不熱，雖然執行起來很簡單，但是簡單不代表最好。

「保持真自我意味著表達與分享情感。大多數很會說故事的人，主要的動機是『我希望你感受我所感受的』。有效的故事敘述會想辦法做到這件事。這就是訊息如何與體驗結合，並讓人難以忘懷的原因。」

曼德勒娛樂（Mandalay Entertainment）董事長暨執行長、
好萊塢王牌製片人彼得·古伯（Peter Guber）

這些取自真實簡報的句子，共同點是沒有人味。講者不去挖掘人性，只想躲在訊息後面讓任務相對比較容易完成而已。

在XYZ公司，我們創造嶄新、革新的業務。我們把策略與金融投資者的投資回報期縮到最短，同時實現顯著的收益擴張。

XYZ公司是一家國際公司，由超過二十位才華洋溢的專業人士組成，為擁有線上及印刷領導品牌的優質媒體，可以實現在歐洲與北美的銷售機會和收益最大化。

XYZ公司擁有提高能力的成熟度（capability maturity）來改善生活品質。

XYZ公司建立了網路貨幣化的最佳全球聯盟。我們是以績效為本、多渠道全球商務的可靠合作夥伴。我們提供單項優勢（best-of-breed）技術、服務，以網路賺取更多收入。

XYZ公司是一個線上全球資源中心與會員社群，致力於協助小企業主成功與成長。

XYZ公司以最低總體交付成本，滿足客戶設計團隊的目的與願景，我們不降低品質、準時交件、符合預算，甚至低於預算。

XYZ公司成立快速成型新創中心，鼓勵快速失敗以創造向內與向外梯度的各種革新。

XYZ公司以價格極佳的優質產品來豐富生活。

XYZ公司為每位運動員，從專業跑者、休閒跑者，到操場上的孩子提供機會、產品和靈感，支持他們做偉大的事。XYZ公司協助消費者、運動員、藝術家、合作夥伴與員工登上他們自覺無法攀上的高峰。

光靠事實還不夠

很多人握有大量的事實，仍然無法產生共鳴。重要的不是訊息本身，而是訊息的情感。這不代表你應該屏棄事實不用。反之，你應該運用大量的事實，但加入情感訴求。

「因為邏輯被說服」，跟「因為個人信念而相信」是有差別的。觀眾可能同意你呈現的思維過程，但對你的召喚卻毫無反應。人很少單憑理性行事，必須運用其他深層的慾望和信念才能說服他人。你需要一根比事實更尖銳的小刺，好戳中他們的心，那根小刺就是情感。

> 「問題在於：對選擇不相信的人來說，試算表、參考書目或資源列表都不算充分證明。懷疑者總會找到不相信的理由，就算其他人不認為這是什麼好理由。過分依賴證明將使你忽略真實的使命，也就是情感連結。」
>
> 賽斯·高汀

在生命的某些時刻，你一定體驗過情感被激起的瞬間感受，可能感到脊椎一陣涼意，或是胃犯噁心。當你對某些事情產生共鳴，你的身體會有感覺。就當今環境來說，情感是消費行為的強大驅動力，但過去並非如此。在二十世紀之前，人們很少公開表達情感，社會不接受人們討論自己的感受或欲望。當時開發的產品僅做為生活必需品來銷售，而非人們「想要」的東西。隨著公關與廣告的普及，各公司開始競相創造消費者想要、卻非必要的東西。突然間，不

相干的東西成為地位的有力象徵。

今天，訴諸消費者的情感已是家常便飯。廣告可以讓我們或哭或笑，感覺性感或產生罪惡感。三十分鐘的電視節目可以有著各種情感，即使是餐廳菜單也可能撩撥我們，讓人頹廢、驚喜，或心花怒放。我們逃不了。因此，**只傳達產品的詳細規格或功能概論並不夠，現今尤其如此。如果兩個產品功能相同，消費者會選擇吸引自身情感需求的那一個。**

亞里士多德曾說，有說服力的人理解情感。即「命名和描述情緒，了解情緒的成因和激發方式」，以及「當講話激起觀眾情緒時，說服力就可能發揮、傳達出去」。

消費者習慣了情感訴求，當然也願意對簡報做出情感上的回應。那為什麼簡報無法呈現情感呢？因為感覺不自在，尤其對精於分析的專業人士來說，這是件特別棘手的事。我們很容易覺得：「公司付我薪水不是要我去感覺，而是要我去做事。」這話雖然沒錯，但如果團隊沒有前進的動力，或者客戶沒購買的動力，那你就麻煩大了。

簡報中加入情感，不代表內容要有一半事實、加上一半情感，也不代表每個座位下都應該放盒面紙，只意味著應該加入人性，吸引觀眾產生欲望。用故事來激發他們的內心反應。

「大眾是由一群人組成，他們對我們這些作家的冀望是：安慰我、娛樂我、觸碰我的同情心、讓我傷心、讓我做夢、讓我笑、讓我顫抖、讓我哭泣、讓我思考。」
法國作家莫泊桑（Henri René Albert Guy de Maupassant）

傳達有意義的故事

自古人類會圍坐在篝火旁,講述故事來建立情感連結。在許多社會中,一些故事幾乎原封不動地世代相傳。一些史上最偉大的故事,被完美地包裝傳承,不識字的世世代代都能重複述說。祖先早年以故事來解釋自然界的日常變化,例如為何有日出日落,還有更廣泛關於生命意義的各種後設論述(metanarratives)。**故事是最強大的訊息傳遞工具,比其他任何藝術形式都要強大、更歷久不衰。**

人們喜愛故事,是因為生活充滿冒險,人們天生會觀察別人的改變來吸取教訓。生活一團亂時,會跟那些現實挑戰與自己相似的角色產生共鳴。聽故事的時候,體內的化學物質產生變化,我們會屏氣凝神。當某角色遇到危險的情況,我們目不轉睛,當角色化險為夷、得到獎勵時,我們也跟著興高采烈。

你可能像許多專業人士一樣,覺得用故事創造情感訴求渾身不自在,因為某種程度上必須向一群不是很熟的人展露自己的脆弱。特別是述說自己的故事更可怕,因為精采的個人故事常有衝突點或複雜性,會暴露你的人性或缺點。但這類故事本質上有最強大的力量,能改變他人。人們喜歡追隨在挑戰中存活下來、能夠自在分享奮鬥和勝利(或失敗)故事的領導者。

「結合想法和情感的最好方法,是講一則引人入勝的故事。在故事中,你不僅可以把大量的訊息編織進去,還能激起觀眾的情感和活力。不過,用故事說服別人不容易。聰明人都可以坐下來,條列出要

講的事，用傳統論述方式來設計論證需要的是理性邏輯，不太需要創造力。但要把想法呈現得情感充沛、令人難忘，就需要生動的洞察力和說故事的技巧。如果可以駕馭想像力和精采故事的原則，你就能獲得人們起立致敬與如雷的掌聲，而不是打哈欠，忽視你。」

好萊塢編劇教父勞勃·麥基（Robert McKee）

訊息是靜態的，故事是動態的。故事有助於觀眾想像你在做什麼、信念是什麼。說故事能讓人們更加投入、更接受你傳達的想法。**故事可以把人的心連在一起，大家的價值觀、信念和標準互相交織。當這種情況發生時，你的想法更容易在觀眾腦中成為現實。**

如今篝火已被投影機燈光取代，而故事的力量則被職場中的講者所遺忘。

你不是簡報中的英雄

當你試著用簡報跟其他人建立連結的時候，務必記得一件事：你不是主角。觀眾很討厭講者傲慢以自我中心。這跟你參加派對，結果被一個自我中心、自以為什麼都懂的傢伙逼到絕境的感覺很像。他只會聊自己的興趣，聊他有多厲害、他有多行，你暗想著：「真是個討厭鬼」，一邊想盡辦法逃離他身邊。為什麼會這樣呢？因為對話沒有納入你、你的想法和觀點。**自我中心的人無法跟他人產生連結。沒人想跟這種人約會、共事，或聽他做簡報。**那為什麼這麼多充滿自我中心的簡報？

我有協同優勢（synergy）。

我是領頭羊。

我在很多地方都有許多員工。

我的夥伴很厲害。

我是主角。

我的產品最棒。

我很行。

客戶和分析師都愛我。

我從早到晚，全年無休。

再多聊聊我的事吧。

我們公司市值龐大。

你需要我的幫忙。

我很有彈性、有擴增空間。

我現在是雙贏。

這些講者的簡報開頭大多以自己的故事開始，前半部充滿令人害怕的「我是主角」投影片，看起來跟第43頁的投影片差不多。讓觀眾認識你和公司的確重要，但有其他方式能夠傳遞這些資訊（例如發講義），所以一開始先把重心放在觀眾身上，並且以觀眾、而非你的頻率做簡報，與他們產生共鳴。

身為講者，你不免心想自己產品或目的應該是觀眾心中最重要的事。你甚至可能自覺：「我是他們的英雄，我來這裡拯救他們免於無助與無知。如果他們知道我所知道的，這個世界就會變得更好了。」如果你現身然後喋喋不休地聊自己的事、你的產品、協同優勢等等，你就會變成派對上那個自我中心、自以為什麼都懂的傢伙，害得觀眾想逃走。反之，你應該對觀眾的需求抱持著謙遜與尊重的態度，先從雙方共同理解之處開始做簡報。觀眾才應該是主角。

自我為主的呈現法

公司簡介
- 公司歷史
- 市值
- 公司員工及地點
- 公司產品與服務
- 產品（服務）簡介
- 運作流程
- 競爭優勢
- （理想上）呼籲對方採取行動

簡報的不良範例

XYZ 私募企業

1988 年成立於阿拉斯加州的安克雷奇市投資以下公司：
- 提供專業資訊科技服務者
- 提供卓越的技術和專案管理專業者
- 為系統和應用軟體整合者提供複雜數據和訊息管理解決方案
- 年均營業額：5150 萬美元

XYZ 公司軟體

- 1984 年成立
- 公司總部：加州舊金山市
- 綜合財產保險軟體與服務
- 主打替代性風險
- 個人保險市場
- 風險管理解決方案的公認領導者
- 逾百位美加客戶

觀眾才是整個場子的英雄

你要尊重觀眾，因為如果他們不投入、不相信你的訊息，你就是輸家。沒有他們的協助，你的想法根本不會成功。**你不是拯救觀眾的英雄，反之，觀眾才是你的英雄。**

美國編劇暨製片人查德‧哈吉（Chad Hodge）在《哈佛商業評論》中指出，我們應該「協助人們把自己看成故事中的英雄，不管情節是打敗壞人或是達成什麼了不起的商業目標。每個人都想成為閃耀的明星，或至少覺得某故事就是向他傳達訊息，或者講述他的故事。」企業領導者需要牢記這件事，把觀眾群中的人們擺在行動的中心，讓他們覺得這個簡報就是針對自己發表的。

你在做簡報的時候，請避免擺出「我是主角」的傲慢態度，而應該採取「他們才是主角」的謙遜立場。記得，你和公司成功與否要靠他們，不是他們靠你。你需要他們。

所以，你的角色是什麼？你是導師（mentor）的角色。你是《星際大戰》（*Star Wars*）的尤達，不是天行者路克（第二章有劇情分析）。觀眾得做吃力的工作，才能協助你達成目標。你只是在路程中協助他們脫困的一個聲音而已。

「導師」通常被刻劃為電影《駭客任務》[1]（*The Matrix*）中的祭司，甚至是《小子難纏》[2]（*The Karate Kid*）中宮城教練的角色。身為導師，你的角色是給予英雄指引、信心、洞察力、建議、訓練，甚至是神奇禮物，好讓他克服自己最初的恐懼，與你邁上新的旅程。

把心態從認為自己是英雄，改成導師的角色，你的觀點將隨之改變。你的出發點會轉為謙遜，變成觀眾幕僚的立場。導師本質上是無私的，願意犧牲奉獻，好讓英雄得到獎勵。

　　大部分的導師過去都曾是英雄，他們經驗老到，足以指導他人在人生路上學到特殊力量或工具。導師踏上英雄之路不只一次了，所以學到一身功夫，可以傳授給英雄。

觀眾才是英雄。

你是這位！

天行者路克與尤達
《星際大戰五部曲：帝國大反擊》
（*Star Wars: Episode V—The Empire Strikes Back*）

當你站出來做簡報的時候，你可能是這場子知識最豐富的人，但你願意以智慧和謙遜來行使知識嗎？簡報不是拿來證明自己有多了不起的機會，而是讓觀眾結束離開時說：「哇，能花時間聽到某某某（在這邊放入你的名字）這一場演講真是太有福了。我現在有了過去沒有的洞察力和工具，可以幫助我成功。」

從英雄到導師的立場轉變，能讓你心懷謙遜，並有助於從新的角度看事情。觀眾的洞察力和共鳴只有在講者態度謙遜時才會發生。簡報有改變世界的力量。大大小小的運動、高風險決策的核心，都仰賴話語來增加接受度，而簡報是強而有力的說服平台。

但是人們誤解了簡報，認為簡報是必要之惡，而非力量強大的工具。這種力量源自於講者與他人建立深層人際連結的能力。但很多講者不建立連結，反而傾向自我中心，因此疏遠了觀眾。當觀眾感受不到這層連結，產生轉變的機會也就降低了。

把你的立場從英雄轉為有智慧的說故事者，如此一來，觀眾跟你的想法就會產生連結，產生連結後觀眾才可能做出改變。

---

1. 描述二十二世紀一名電腦代號為尼歐的駭客，他總身處的世界存在難以言喻的不協調感，而這一切都跟被稱為母體的神秘事物有關。直到他來到地下自由鬥士的組織，才真相大白。於是他和一群身懷絕技的鬥士，開始展開對抗控制全體人類的電腦魔王的使命。
2. 故事是從少年丹尼爾隨母親搬家到洛杉磯，認識了一位日本空手道大師宮城成義，在高人調教下成為空手道選手，並且參加空手道比賽，同時惡名昭彰的武館也派出選手參加比賽，丹尼爾努力學習擊敗強敵，最終獲得空手道冠軍。

共鳴法則

1

共鳴能產生改變。

第 2 章

神話與電影中的啟示

把經典融入故事

　　所有類型的寫作，包含簡報在內，都介於兩個極端之間：報告與故事。報告的目的是傳遞資訊，而故事的目的是娛樂。報告與故事的結構差異在於，報告依主題來組織事實，而故事則戲劇化地組織場景。簡報介於二者之間，有資訊也有故事，因此稱為「說明」（explanations）。

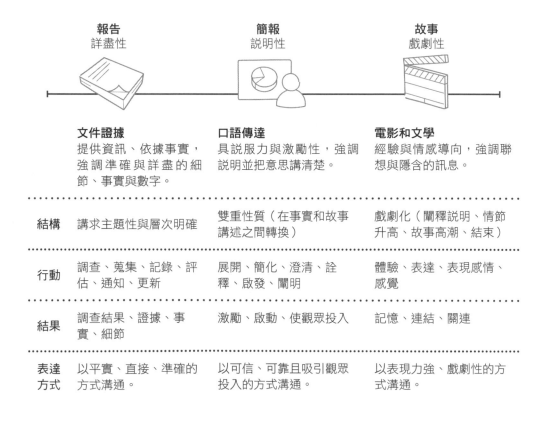

	報告 詳盡性 **文件證據** 提供資訊、依據事實，強調準確與詳盡的細節、事實與數字。	**簡報** 說明性 **口語傳達** 具說服力與激勵性，強調說明並把意思講清楚。	**故事** 戲劇性 **電影和文學** 經驗與情感導向，強調聯想與隱含的訊息。
結構	講求主題性與層次明確	雙重性質（在事實和故事講述之間轉換）	戲劇化（闡釋說明、情節升高、故事高潮、結束）
行動	調查、蒐集、記錄、評估、通知、更新	展開、簡化、澄清、詮釋、啟發、闡明	體驗、表達、表現感情、感覺
結果	調查結果、證據、事實、細節	激勵、啟動、使觀眾投入	記憶、連結、關連
表達方式	以平實、直接、準確的方式溝通。	以可信、可靠且吸引觀眾投入的方式溝通。	以表現力強、戲劇性的方式溝通。

把簡報寫成報告而非故事，儼然成為一種文化規範。但簡報並非報告。許多寫簡報的人都陷入這種心態，覺得用簡報應用程式，如PowerPoint來寫報告就是簡報。才不是！報告是要發給觀眾的講義，而簡報是要呈現給觀眾看的內容。有一些文件偽裝成簡報，而這些「投影文件」（slideuments）已成為許多組織的共通語言。文件和報告雖然很有價值，但沒必要為了讓觀眾跟著讀，而把它們投影出來。

如果報告主要是傳達「訊息」，那麼故事就是產生「經驗」。融合二者、讓事實和故事像蛋糕一樣層層堆疊，就是簡報的完美境界。在事實、故事、事實、故事之間轉換航道，可以創造吸引力與脈動。混合報告與故事材料，使得訊息更容易消化，就像吃糖有助於吞藥一樣。

只呈現平面、以資料為主的靜態報告不費力也不花時間，但是這種方法無法讓人與想法產生連結。當你了解自己需要創造的是簡報，而非報告的同時，你的心態就會從單純的傳遞資訊變為創造經驗。這是從單純報告的這一端邁向故事那一端的第一步。

簡報中有很多運用戲劇化故事結構的機會，但你如何創造戲劇化的經驗？先創造出觀眾的渴望，然後展示你的想法如何滿足這種渴望，使人們願意採納你的觀點，這就是故事的核心。

本章借鏡當前最精采的故事手法：神話、文學和電影。一旦你理解了它們的力量，就會明白為什麼出色的簡報離報告很遠，而靠故事近一點。

戲劇就是一切

簡報可以跟好電影一樣吸引觀眾的興趣。你可能覺得，要寫出成功的劇本需要好幾年的時間，而自己還有真正的工作要做。但是，你「真正的工作」難道不是好好傳達想法、幫助人們理解目標，並說服他們改變嗎？利用神話和電影的部分特性來打造簡報，可以幫助你的想法與他人產生共鳴。

優秀的故事會介紹一位能產生認同感的英雄給你。這位英雄通常討人喜歡，而他迫切的渴望或目標在某些方面受到威脅。隨著故事的展開，英雄的試煉得到勝利，你為他喝采，直到最終故事落幕，英雄脫胎換骨。正如《故事的解剖》（*Story*）作家羅伯特·麥基所解釋：「一定要有緊急關頭來說服觀眾相信，如果英雄沒有實現目標，將會損失很多東西。」如果沒有任何風險，那就沒有意思了。

你的溝通也遵循類似的模式。你有要達成的目標，也有隨之而來的試煉與阻力，不過當你得以實踐心中的渴望時，將產生不同凡響的成果。

簡報沉悶的原因之一，是沒有可辨識的故事模式。在下文中，你將看到優秀劇本的核心，也是好萊塢經常運用的故事模式。這些模式效果絕佳！它們並非公式或嚴格的規則，只是處理了結構和角色的轉變的過程，同時保留了靈活與創意。在看過好萊塢的故事模式之後，我為你介紹簡報的格式。簡報的格式很相似，只是專為簡報量身訂做。運用這些方法有助於打造你的訊息，並開啟簡報中故事的可能性。

故事模式

　　描述故事結構最簡單的方法為：情境、困難（阻礙）與結局。從神話冒險到晚餐桌上共享的回憶，所有的故事都依照相同的模式發展。

能產生認同與好感的英雄	遭遇阻礙	產生轉變
《白雪公主》（*Snow White*） **情境**：白雪公主為了躲避後母壞皇后，在森林中避難，與七矮人一起生活。	**困難**：白雪公主比後母美麗，因此後母假扮賣蘋果的婆婆，以毒蘋果毒害白雪公主。	**結局**：與白雪公主墜入愛河的王子，用「真愛的初吻」喚醒魔咒下的白雪公主。
《E.T.外星人》（*E.T.*） **情境**：一群外星人到地球採集植物樣本。匆忙撤離之際，其中一個外星人被留在地球。他想返回自己的星球。	**困難**：十歲的艾略特跟外星人E.T.產生情感連結。在政府試圖追捕E.T.的行動中，E.T.和艾略特感到厭煩。	**結局**：E.T.和艾略特做出通訊儀器並以腳踏車逃離。E.T.獲救，告訴艾略特自己會永遠記得他。
《阿凡達》（*Avatar*） **情境**：下半身癱瘓的前海軍陸戰隊隊員傑克·薩利被選為阿凡達計畫的一員，得以用納美人的身體在潘朵拉星球上活動。	**困難**：傑克·薩利與潘朵拉星球的女納美人奈蒂莉墜入愛河。人類侵占潘朵拉星球森林，尋找珍稀礦產的同時，傑克被迫在史詩般的戰鬥中選邊站。	**結局**：在傑克的帶領下，納美人打敗了地球人。傑克永遠變成了納美人，在潘朵拉星球上與奈蒂莉共同生活。

故事模板①好萊塢三幕劇結構

編劇會運用工具來打造有力的故事結構。悉德·菲爾德（Syd Field）被認為是好萊塢故事模板之父，在他的著作《電影劇本寫作基礎》（*Screenplay*）中，運用亞里斯多德最初提出的三幕劇結構概念，創造出下文所示的悉德·菲爾德模式。菲爾德注意到，在成功的電影中，第二幕的長度經常是第一幕與第三募的二倍長。

- **第一幕**：建立故事，介紹角色、創造關係、建構英雄未被滿足的渴望，交代故事情節。
- **第二幕**：呈現因對抗而產生連結的戲劇行動。主角的遭遇讓他無法實現願望（戲劇需求）的阻礙。
- **第三幕**：故事結局。結局不代表結束，而是解決方式。主角是成功還是失敗了？

所有的故事都有開頭、中段和結尾。開頭轉為中段，以及中段轉為結尾之間有著明確的轉折。頂尖的劇本創作指導老師菲爾德稱其為「情節點」（plot points）。情節點被定義為任何讓故事轉往另一個方向的事故、插曲或事件。每個情節點都設定讓故事產生變化。

這裡是優秀的簡報和劇本的相似處如下：
- 有清楚的開頭、中段和結尾。
- 有可辨識的固有結構。

- 第一個情節點是抓住觀眾好奇心與引起興趣的事變。在簡報中,我們稱為轉折點(turning point)。
- 開頭與結尾比中段短許多。

　　這是一種形式而非公式。這是如果用X光檢視劇本結構的話,劇本看起來的模樣。電影《刺激1995》[1](*Shawshank Redemption*)的幾幕與情節點加註如下:

悉德 · 菲爾德故事示範(Syd Field's Paradigm)

　　菲爾德模式做為編寫電影劇本的模板十分合理,不過這個模式只能部分運用於簡報。接下來,我們要看另一個能補充不足部分的故事形式。

---

1. 《刺激1995》故事:年輕的銀行家安迪被控殺害他的妻子與其情夫,被關入鯊堡監獄。他在獄中跟另一名被判殺人罪的囚犯瑞德建立起關係,接著成為盟友以及彼此信賴的獄中好友。再審的希望落空之後,安迪從鯊堡監獄逃獄。電影結尾安迪成功逃至墨西哥,與瑞德重聚。

故事模板②英雄之旅結構

另一個可以考慮的故事模板為英雄之旅（The Hero's Journey），這個模式取自心理學家榮格（Carl Jung）與喬瑟夫‧坎伯（Joseph Campbell）的神話研究。

右邊的輪狀圖是英雄之旅的概要，這是《作家之路》（*The Writer's Journey*）作者克里斯多夫‧佛格勒（Christopher Vogler）略微簡化後的版本。佛格勒多年來從事好萊塢電影劇本故事分析師，他以這個模式做為分析形式。從輪狀圖最上方開始，各步驟以順時針方向移動。最裡面圓圈中的黑色文字為英雄之旅的各階段：（1）介紹出平凡世界中的英雄。（2）英雄接收到冒險的召喚。（3）他們一開始不願意，甚至可能拒絕此召喚。（4）英雄受到導師的鼓勵。（5）英雄越過第一道門檻（分水嶺），進入特殊世界。（6）他們遇到試煉、同盟與敵人。（7）他們接近最深處的洞穴。（8）他們在那裡歷經苦難。（9）他們獲得獎勵。（10）在返回平凡世界的路上遭到追擊。（11）他們歷劫重生，並因該經驗而轉變。（12）他們帶著解藥（某種恩惠或寶藏）回歸並造福平凡世界。

英雄忍耐肉體上的活動（外部旅程），每個階段也經歷心靈與心智上的轉變。這個心路歷程由第二個環中的綠色文字表示。接下來，最外圍以《星際大戰四部曲》（*Star Wars: Episode IV*）為例，以黑色文字說明外部旅程，以綠色文字說明心路歷程。

英雄之旅

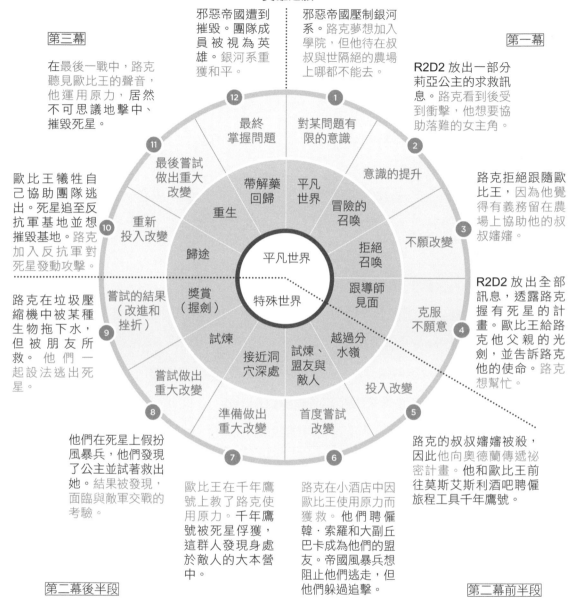

第三幕

邪惡帝國遭到摧毀。團隊成員被視為英雄。銀河系重獲和平。

在最後一戰中，路克聽見歐比王的聲音，他運用原力，居然不可思議地擊中、摧毀死星。

歐比王犧牲自己協助團隊逃出。死星追至反抗軍基地並想摧毀基地。路克加入反抗軍對死星發動攻擊。

路克在垃圾壓縮機中被某種生物拖下水，但被朋友所救。他們一起設法逃出死星。

邪惡帝國壓制銀河系。路克夢想加入學院，但他待在叔叔與世隔絕的農場上哪都不能去。

第一幕

R2D2放出一部分莉亞公主的求救訊息。路克看到後受到衝擊，他想要協助落難的女主角。

路克拒絕跟隨歐比王，因為他覺得有義務留在農場上協助他的叔叔嬸嬸。

R2D2放出全部訊息，透露路克握有死星的計畫。歐比王給路克他父親的光劍，並告訴路克他的使命。路克想幫忙。

路克的叔叔嬸嬸被殺，因此他向奧德蘭傳遞祕密計畫。他和歐比王前往莫斯艾斯利酒吧聘僱旅程工具千年鷹號。

第二幕後半段

他們在死星上假扮風暴兵，他們發現了公主並試著救出她。結果被發現，面臨與敵軍交戰的考驗。

歐比王在千年鷹號上教了路克使用原力。千年鷹號被死星俘獲，這群人發現身處於敵人的大本營中。

路克在小酒店中因歐比王使用原力而獲救。他們聘僱韓·索羅和大副丘巴卡成為他們的盟友。帝國風暴兵想阻止他們逃走，但他們躲過追擊。

第二幕前半段

圓環內文字（由12至1順時針）：

1. 對某問題有限的意識
2. 意識的提升
3. 不願改變
4. 克服不願意
5. 投入改變
6. 首度嘗試改變
7. 準備做出重大改變
8. 嘗試做出重大改變
9. 嘗試的結果（改進和挫折）
10. 重新投入改變
11. 最後嘗試做出重大改變
12. 最終掌握問題

中環（外部旅程）：
帶解藥回歸、重生、歸途、獎賞（握劍）、試煉、接近洞穴深處、試煉、盟友與敵人、越過分水嶺、跟導師見面、拒絕召喚、冒險的召喚、平凡世界

內環：
平凡世界、特殊世界

黑色字＝外部旅程　綠色字＝心路歷程（角色轉變）

小記：喬治·盧卡斯（George Lucas）讀了喬瑟夫·坎伯的著作後，修改了星際大戰四部曲以更貼近這個故事模式。

當英雄之旅以一個圓來呈現時，重要的觀點出現了：在平凡世界和特殊世界之間創造了明確的分水嶺（以黑色虛線代表）。每個故事中都有一個時刻是角色克服「不願改變」的阻礙，離開平凡世界，跨越分水嶺進入特殊世界冒險。在特殊世界中，英雄獲取技能和見解，然後隨著故事的結尾把這些技能和見解帶回平凡世界中。

好的簡報是令人滿足的完整體驗。你可能會哭、會笑，或者又哭又笑。另外，你也會覺得學到了一些關於自己的事。簡報有幾點用上了神話與電影的見解：

- 有一個討人喜歡但有所不足的英雄來聽你的簡報。
- 你的簡報應該帶領觀眾從他們的平凡世界進入你的特殊世界，並且從你的特殊世界獲得新的見解和技能。
- 觀眾有意識地決定越過分水嶺進入你的世界，他們並非被迫。
- 觀眾將拒絕採納你的觀點並指出各種阻礙與困難。
- 觀眾內心需要先改變，才能進行外部改變。換句話說，他們需要先改變內心的看法，才能改變自己行動。

越過分水嶺是一個重要時刻，因為這代表英雄正做出承諾。接著，讓我們更進一步來檢視這個轉折點。

帶領英雄越過分水嶺

　　如果觀眾是你故事中的英雄，那麼你簡報的目的就是設法讓他們越過輪狀圖上的第四步驟。你的簡報帶領他們到達那道分水嶺，但他們是否跨越，就端視個人選擇了。

　　你的簡報提出了希望觀眾能採納的想法，並且把這個想法引向正面的結果。你的想法或許是重塑組織的未來，又或者讓顧客看到自己的產品符合他們的需求，甚至可能是讓學生考試得高分並內化學科內容。不管是什麼，觀眾所需做出的決定，勢必要他們有意識地踏進新階段。

　　你要求他們做出的改變，對你的英雄們而言必然是一番掙扎，你必須承認這一點。改變絕非易事。讓人決心改變可能是一個組織最大的挑戰。請注意，英雄都在決定是否越過分水嶺、進入特殊世界時，正巧遇見自己的導師。簡報有很神奇的相似點。身為觀眾們的導師，你的見解將協助觀眾做出改變的決定，但你無法強迫他們。如果你把想法呈現得好，他們就會自願越過分水嶺，然後投身行動。

　　如果觀眾決定越過分水嶺並採納你的觀點，他們聽完你的簡報時，將展開英雄之旅的其餘階段（五至十二階段），如下一頁的圖。

　　身為導師，你的簡報應該盡可能幫他們準備好面對接下來旅程將遇到的事，並且讓他們一路過關斬將。電影中的英雄之旅通常依時間順序發生，但在開發簡報時，你不一定要受限於時間與地點。簡報的媒介可以讓你在說明如何

觀眾的心路歷程

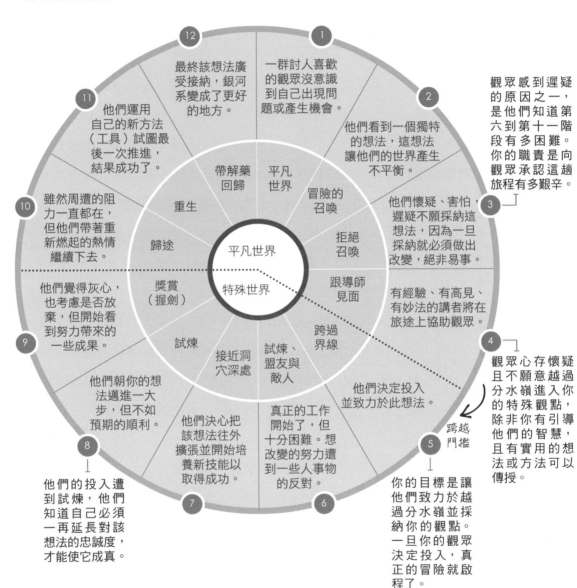

觀眾感到遲疑的原因之一，是他們知道第六到第十一階段有多困難。你的職責是向觀眾承認這趟旅程有多艱辛。

1 一群討人喜歡的觀眾沒意識到自己出現問題或產生機會。

2 他們看到一個獨特的想法，這想法讓他們的世界產生不平衡。

3 他們懷疑、害怕，遲疑不願採納這想法，因為一旦採納就必須做出改變，絕非易事。

有經驗、有高見、有妙法的講者將在旅途上協助觀眾。

4 觀眾心存懷疑且不願意越過分水嶺進入你的特殊觀點，除非你有引導他們的智慧，且有實用的想法或方法可以傳授。

他們決定投入並致力於此想法。

5 你的目標是讓他們致力於越過分水嶺並採納你的觀點。一旦你的觀眾決定投入，真正的冒險就啟程了。

6 真正的工作開始了，但十分困難。想改變的努力遭到一些人事物的反對。

7 他們決心把該想法往外擴張並開始培養新技能以取得成功。

8 他們的投入遭到試煉，他們知道自己必須一再延長對該想法的忠誠度，才能使它成真。

9 他們朝你的想法邁進一大步，但不如預期的順利。

10 他們覺得灰心，也考慮是否放棄，但開始看到努力帶來的一些成果。

11 雖然周遭的阻力一直都在，但他們帶著重新燃起的熱情繼續下去。

12 他們運用自己的新方法（工具）試圖最後一次推進，結果成功了。

最終該想法廣受接納，銀河系變成了更好的地方。

內圈（黑色字）：平凡世界、冒險的召喚、拒絕召喚、跟導師見面、跨過界線、試煉、盟友與敵人、接近洞穴深處、試煉、獎賞（握劍）、歸途、重生、帶解藥回歸

跨越門檻

平凡世界 / 特殊世界

黑色字 = 英雄之旅
藍色字 = 觀眾之旅

完成步驟五至十二時，不依順序地跳來跳去。

請記得，好故事有個無可辯駁的特點：**觀眾一定要感受到某種衝突或不平衡，然後藉由你的簡報得到解決**。這種不和諧的感覺，是讓他們關心到足以投入改變的要點。在簡報中，你可透過有意識地並列「現況（what is）」與「願景（what could be）」，來創造這種不平衡的感覺。

你需要清楚對比走進簡報室觀眾的現況（他們的平凡世界），以及他們離開簡報室後的願景（越過分水嶺進入特殊世界）。現況與願景，讓觀眾注意到這二者的差距，這可以迫使他們去處理這種不平衡，直到達到新的平衡為止。

溝通的輪廓 —— 簡報格式

　　從神話、文學和電影結構中取經的「簡報格式」因此誕生。大多數出色的簡報在不知不覺中都遵循了這種形式。

　　簡報應該有明確的開頭、中段和結尾。簡報中兩個明確的轉折點可引導觀眾聽完內容，並清楚區分開頭與中段，以及中段與結尾。第一個轉折點是冒險的召喚，這裡應該向觀眾顯示「現況」和「願景」之間的差距，使觀眾從原先的自滿轉為震驚。有效建構的簡報會創造出一種不平衡，觀眾會希望你的簡報

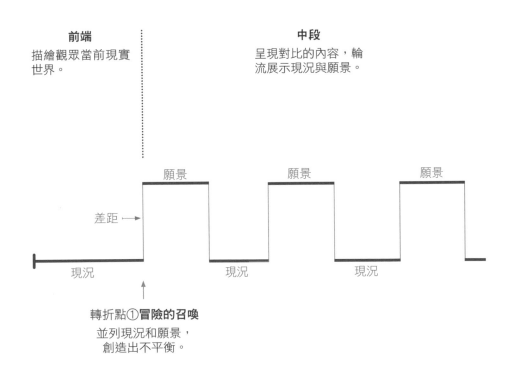

能解決這種不平衡。第二個轉折點是「行動的召喚」。這部分指出觀眾需要做些什麼或需要怎麼改變。第二個轉折點代表你的簡報已進入結論階段。

請注意中段是上下移動的，好像有新事物一直發生。這種來回的結構移動不斷推拉觀眾，讓他們感覺事件持續展開。當你頻繁展開想法和觀點的同時，觀眾將持續受到吸引。

每個簡報最後都生動描述了觀眾採納你提出的想法時，可以創造出什麼新的益處。但簡報格式並非在簡報結束後就畫下句點。簡報目的是說服觀眾，所以觀眾聽完簡報離開時，也將有後續的行動要做（越過分水嶺）。

我們接下來會仔細審視這種簡報格式。

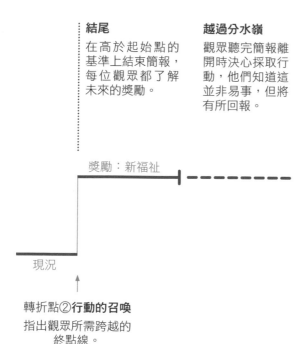

結尾
在高於起始點的基準上結束簡報，每位觀眾都了解未來的獎勵。

越過分水嶺
觀眾聽完簡報離開時決心採取行動，他們知道這並非易事，但將有所回報。

獎勵：新福祉

現況

轉折點②**行動的召喚**
指出觀眾所需跨越的終點線。

簡報開頭—— 冒險的召喚

英雄之旅始於「英雄從日常生活的世界，冒險進入超自然驚奇的領域」。你的簡報或許無法提供「超自然的驚奇」，但你正要求觀眾離開自己的舒適圈，冒險前往你認為他們該去的地方。

簡報格式的「開頭」，是指第一個轉折點「冒險的召喚」之前的所有內容。簡報格式的第一條水平線代表你簡報的開頭。你在此處描述觀眾的平常世界，並設定「現況」的基準。你可以運用歷史資訊來解釋一直以來或當前的「現況」，這部分通常會提到目前面臨的問題。

你應該簡要陳述每個人都同意的現況，精準抓到觀眾所處世界的現實與氛圍，代表你對他們的情境有經驗和見解，而且了解他們的觀點、背景和價值觀。

如果能有效做出觀眾現況的描述，你將與觀眾間建立一種共同的連結，他們比較願意敞開心胸傾聽你獨特的觀點。觀眾會感謝有人認可他們的貢獻、智慧與經驗。

另外，描述觀眾現存的世界，給你機會創造出「現況」與「願景」間戲劇化的分野。提出「願景」可以讓觀眾當前的現實失去平衡，但如果未能先建立現況，你提出的新想法就會失去戲劇效果。

簡報開頭不需要很長，可以是一句短短的陳述或說法，建立起現況的基準線。當然也可以長一點，但不應占用總時間的10％以上。觀眾迫切想知道他們

來聽你簡報的理由，以及你將提出的想法。因此，雖然開頭很重要，但不應該太冗長。

簡報出現的第一個轉折點是「冒險的召喚」，是內容重大轉折的觸發點。「冒險的召喚」要求觀眾在他們不知情的情況下，投身一個需要他們專注與行動的未知領域。這是簡報啟動的時刻。

「糟糕的開頭會帶來糟糕的結尾。」

希臘悲劇大師歐里庇得斯（Euripides）

為了創造出冒險的召喚，你必須提出令人記憶深刻、能傳達出「願景」的大想法。這是觀眾首度看到「現況」與「願景」鮮明對比的時刻，清楚顯現二者的差距是這階段關鍵。

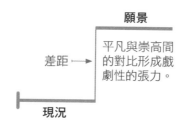

冒險的召喚之於簡報的重要性，如同電影中的引發事件（inciting incident）。勞勃．麥基說：「引發事件先讓主角的生活失去平衡，然後喚起他想恢復平衡的渴望。」這種不平衡是引發觀眾渴望與現況不同的要素。提出簡報可以解決觀眾問題的有趣見解。你的見解要能煽動觀眾（不管是正面或負

面），讓他們全神貫注地聽你解釋風險為何，以及如何解決這種差距。

　　簡報的轉折點要非常明確，不要混亂或含糊不清。簡報其餘的部分應該說明如何處理這個差距，並吸引觀眾傾聽你對願景的獨特觀點。

> 「人是唯一會笑會哭的動物，因為人類是唯一會被『現實』與『應該要怎樣』差異困住的動物。」
>
> 英國作家威廉‧哈茲利特（William Hazlitt）

以下是「冒險的召喚」用於產品發表的範例

現況：

分析師認為我們的產品名列五個類別中的前三名。我們的競爭對手剛推出撼動整個產業的T3xR，被譽為過去四年間我們領域最創新的產品。一般預測除非我們從競爭對手處取得T3xR的授權，否則我們公司將毫無前景。

願景：

我們不會讓步！事實上，我們仍將保持領先地位！我很高興告訴大家，五年前我們有跟T3xR一樣的產品理念，但在快速原型設計（rapid prototyping）後，發現了超越那一代技術的方法。所以今天我們將推出比競爭對手領先十年的革命性產品。女士先生們，這就是e-Widget，是不是很漂亮呢？

中段①創造對比

簡報的中段是由各種對比組成。人們自然而然受到對比的吸引，因為我們的生活被對比包圍：日與夜、男與女、上與下、善與惡、愛與恨。**身為溝通者，你的職責是透過對比來創造並解決這種緊張的關係。**

在簡報中放入高對比元素可以吸引觀眾的注意力。觀眾喜歡歷經困境並獲得解決的過程，即使這個困境的觀點與他們不同。這會讓他們保持興趣。

觀眾想知道你的觀點到底跟他們相似還是不同。聆聽講者的同時，觀眾會針對聽到的內容進行編目和分類。他們帶著自己的知識與偏見走進簡報室，在過程中不斷評估你說的話是否符合他們的生活經驗，或超出他們所知的範圍。

了解觀眾非常重要，這樣才能理解你的觀點和他們的觀點相似與相異處為何。你們之間通常會有一些不一致的地方，商業上很明顯的例子就是你希望觀眾購買你的產品，但他們不想花錢。

這種差異不是問題。相似和相異概念的二極可以產生力量，而這種力量可以善加利用。事實上在簡報中，正反二極都是必要的，這能讓你在自己與觀眾的觀點之間創造可被察覺的區別，有助於觀眾保持注意力。雖然人們通常對自己熟悉的觀點感覺更自在，但相反的觀點能讓觀眾產生內在張力。**相反的內容能激發想法，而熟悉的內容能安慰人心。這兩種類型的內容共同產生向前的動力。**你可以在簡報中建構三種不同類型的對比：

* **內容**：內容對比是來回比較現況與願景，以及你與觀眾觀點之間的差異

（第134至135頁）。

- **情感**：情感對比是來回比較分析型與情感型的內容（第170至171頁）。
- **表達方式**：表達對比是來回比較傳統與非傳統的表達方式（第172至173頁）。

　　對比是貫穿本書的主題，也是溝通的核心，因為人們容易被與眾不同的事物所吸引。

「磁場的極性可發電能，而故事中的二極性則是引發張力和角色活動、激起觀眾情感的發動機。」

　　　　　　　　　　　　克里斯多夫．佛格勒（Christopher Vogler）

中段②行動的召喚

第二個轉折點「行動的召喚」清楚定義了你要觀眾做的事。成功的說服將引發行動，因此明確說明你希望觀眾如何採取行動非常重要。簡報中的這個步驟為觀眾提供了個別的任務，可以幫助你把簡報中傳達的想法化為現實。一旦越過這條線之後，觀眾需要決定他們是否支持你，所以請清楚傳達他們需要做些什麼。

無論是政治、商業或學術主題的簡報，觀眾採取的行動可分為四種不同類型：行動者、供應者、影響者、創新者。

由於天性的差異，每位觀眾對特定類型會自然產生偏好。提供不同類型觀眾至少一種適合他們本性的行動，他們就能選擇做起來最舒服的那個。當觀眾知道自己可以如何協助時，就能帶來動能和迅速的成果。大多數人都具備能夠有效執行四種類型的至少其中一種行動。對你的想法充滿熱忱的革命者甚至可能展現全部的行動類型。

以下是向觀眾請求行動的範例：

- 向行動者要求聚集、決定、蒐集、回應或嘗試。
- 向供應者要求取得、資助、提供資源或支持。
- 向影響者要求啟動、採納、賦予權力或促進某事。
- 向創新者要求創造、發現、發明或開拓某事。

務必向觀眾指出簡單、直接且易於執行的行動為何。觀眾必須在心理上將

自己的行為與對自己有利的正面結果，或更大的益處建立連結。請說明所有必要的行動，並且強調那些是成功最關鍵的任務。

　　許多簡報都以行動的召喚做為結尾，但是以待辦事項的列表形式來結束簡報並不怎麼激勵人心。因此，在行動召喚後，生動描繪出可能的獎勵十分重要。

他們是誰	行動者	供應者	影響者	創新者
他們可以為你做些什麼	促使活動發生	取得資源	改變看法	產生想法
他們該怎麼做	這些觀眾是你的工蜂。一旦他們知道該做些什麼，就會努力執行。他們會招募並激勵其他行動者完成重要的活動。	這些觀眾是在財務、人力或物力上握有資源的那群人。他們有管道可以讓你得到往前邁進所需的資源。	這些觀眾可以動搖個人與大小團體，動員他們採納並傳播你的想法。	這些觀眾跳出傳統的框框，想出新方式來修正並傳播你的想法。他們創造策略、觀點與產品，以自己的思維帶來貢獻。

簡報結尾——述說未來的美好

請注意，簡報的結尾在簡報格式中，處於比開頭更高的基準點。結尾應該讓觀眾對願景產生強化的意識，並且產生想改變的意願，能理解新事物或以不同的方式做事。說服的目標就是改變觀眾。有技巧地描繪出未來獎勵的誘因，將有力地促使觀眾認同你的想法。

結尾應該重複簡報中最重要的觀點，並傳達啟發人心的話語，包括你的想法被採納後世界將變成什麼模樣。

近因原則（The principle of recency）[2]指出，比起開頭或中段，觀眾能更清晰地記住簡報最後聽到的內容。所以你應該創造一個結尾，描繪出鼓舞人心又充滿幸福的世界——一個採納你想法後的世界。觀眾的生活會是什麼樣子？人類會是什麼樣子？這個星球會是什麼樣子？

為了讓觀眾發揮最大的潛能，請以驚奇與敬畏的口吻來描述未來可能的成果，讓觀眾知道獎勵值得他們的努力。簡報的結論須肯定表示你的想法不僅可能，而且是正確、更好的選擇。

> 「讓觀眾對戲劇性且鼓舞人心的結論用歡呼、起身和言語做出回應，能創造正面的情緒感染，產生強烈的情感訊息，加強企業領袖提出的行動召喚。出色的敘事是觀眾最記得的事。」
>
> 彼得・古伯

---

2. 原為保險中的原則，用來判斷被保人與損失之間的因果關係。作者引用來譬喻觀眾與結尾之間的影響程度。

假設你完成了一份非常出色的簡報，其中善用了簡報的原則，優雅且輕鬆的傳達自己的想法，觀眾也決心做出改變。聽起來是一場大勝利，但還沒完。你簡報的結尾即為觀眾指出下一個階段的冒險。

人類接受新見解的能力，給我們空間變成不同的人。正如簡報格式最後的虛線所示，觀眾變得與簡報剛開始時有所不同了。

但是，當完成簡報後，你的想法是否被採用仍沒有定論。觀眾才能決定結果。優秀的簡報會讓觀眾離開時充分支持它，糟糕的簡報則相反。結果可能是以喜劇，或以悲劇做終。如果觀眾不接受你的想法，那麼就可能以悲劇收場。在這個悲劇中，一度令人欽佩的英雄（觀眾）犯下錯誤，不願回應你的行動召喚往前邁進。但如果觀眾採取了行動，你的簡報是以喜劇收尾。喜劇不一定代表「詼諧」，而是意味著一位「可能會成功的英雄」運勢開始好起來。

「我們所謂的起點往往是終點，而結束也是創造另一個開始。終點即為我們開始的地方。」

英國詩人艾略特（T. S. Eliot）

什麼是迷你圖？

本書把簡報以迷你圖形式呈現，就圖像來分析簡報。藉由簡報輪廓的視覺化，來檢視簡報中的對比。線條在「現況」與「願景」之間移動，顏色的改變表示情感和表達方面的對比。每個簡報都有其獨特的模式，不會有一模一樣的迷你圖，因為沒有完全相同的簡報。

使用簡報格式這類工具達成好的成果已非新鮮事。電影與神話都有模式，一樣能產生美好而獨特的結果。同樣地，套用格式的簡報也是獨一無二的。簡報格式並非公式，因為這種格式有很大的彈性。嚴格遵守格式可能讓你的簡報太過可預測，所以善用它的靈活度很重要。

下一頁是如何閱讀書中迷你圖的註解。之後的案例研究將展示以迷你圖呈現的簡報格式。所有分析的簡報影片及逐字稿的附加註解都可以在網上找到。
www

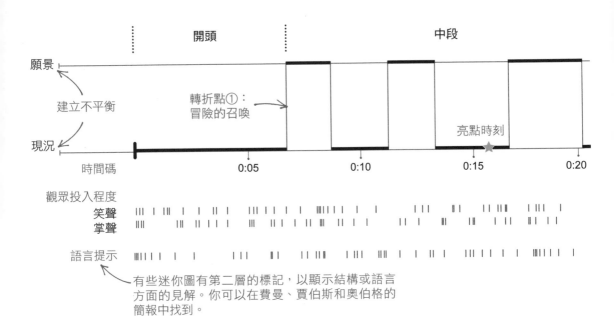

開頭　　　　　　　　　　　中段

願景

建立不平衡

轉折點①：
冒險的召喚

亮點時刻

現況

時間碼　　　　　　　　0:05　　　　　　0:10　　　　　　0:15　　　　　0:20

觀眾投入程度
笑聲
掌聲

語言提示

有些迷你圖有第二層的標記，以顯示結構或語言
方面的見解。你可以在費曼、賈伯斯和奧伯格的
簡報中找到。

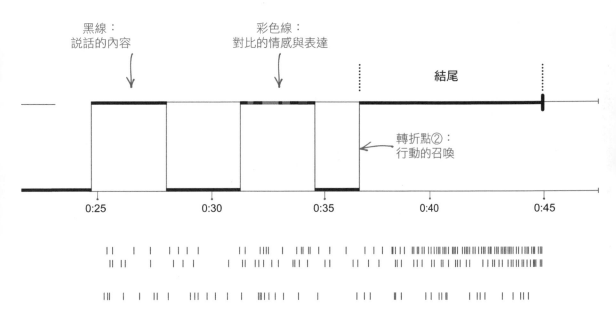

波士頓愛樂交響樂團
音樂總監班傑明‧詹德

案例研究
班傑明‧詹德──TED 演講

　　班傑明‧詹德對於古典樂有種具感染力的熱愛。身為勵志講者與前波士頓愛樂交響樂團的指揮（目前為該團音樂總監），詹德非常熱切地想說服每個人都愛上古典樂。在2008年的TED演講中，觀眾明顯受到了他的感召。

　　如果你尚未看過這場演講，請務必一看！請上TED.com並搜尋班傑明‧詹德，觀賞這位溝通大師的風采。<u>www</u> 演講開始不到一分鐘，觀眾已經對他的演講內容有所回應，很早就開懷大笑，頻率還很高。

　　他活力洋溢地以數種方式令觀眾著迷：

* **結構對比**：觀眾中有些人原本就熱愛古典音樂，有些對古典音樂的感覺則像在機場吸到二手煙一樣反感，詹德在二者間建立起清楚的差距，優雅地在「現況」與「願景」之間轉換。他決心要講到所有人都愛上古典音樂才

肯離開。

- **表達對比**：他以好幾種方式表現出對比。他交替著演說與彈琴。他要觀眾唱歌，藉此跟他們互動。他好幾次從舞台上走進觀眾區，甚至去觸碰觀眾的臉！他還使用了大動作的手勢和戲劇化的面部表情。

- **情感對比**：詹德說了好幾個故事，有些逗得觀眾發笑，有些則讓他們落淚。他在詼諧和感動人心間轉換，每個故事都連結主題與觀眾的心，讓他們從情感上與行動上愛上古典音樂。

跟所有偉大的導師一樣，詹德給了觀眾一項特別的工具：教導他們如何聽音樂。他們學著分辨脈衝（impulses）與和弦進程（chord progressions）。他以音樂理論訓練觀眾的耳朵。很多觀眾過去對古典樂無感，是因為他們聽不到音樂中層層的美感。詹德把這些層次攤開給他們看。

詹德出色地運用音樂做為訊息，引發觀眾產生情感連結。詹德訓練他們在耳朵識別未完的和弦（unresolved chord）產生渴望感時，直擊他們的內心。他要求觀眾回想一位已經不在的親人，在此同時他演奏一曲蕭邦的作品。這就是這場演講的亮點時刻（第85頁）。觀眾可能第一次聽見了音樂中的渴望而深受感動。

詹德展示了完美簡報格式的所有要素，下一節有詹德簡報格式的詳細註解。

詹德的迷你圖

　　為了傳承文化知識和價值，故事已被傳頌了數千年。有人在講精采的故事時，我們會往前傾，隨著故事的展開心跳加速。相同的力量可以運用在簡報上嗎？可以。

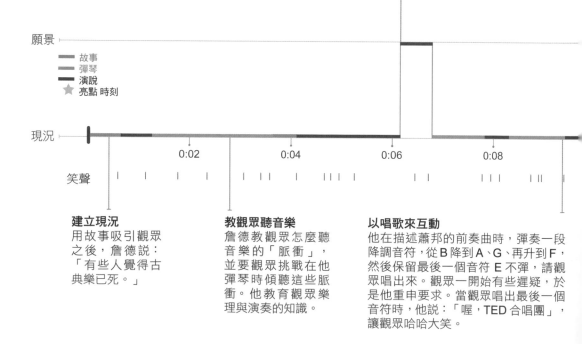

建立「願景」
詹德充滿熱情地想讓觀眾知道如何喜愛古典音樂。他說，「有些觀眾理解、喜愛、熱愛古典樂，有些觀眾卻跟古典樂一點關係也沒有，這種巨大的鴻溝（對我來說）說不過去⋯⋯我要講到演講廳的每一個人都愛上古典樂、理解古典樂，要不然我不會走的。」

願景

　故事
　彈琴
　演說
★ 亮點 時刻

現況

0:02　　0:04　　0:06　　0:08

笑聲

建立現況
用故事吸引觀眾之後，詹德說：「有些人覺得古典樂已死。」

教觀眾聽音樂
詹德教觀眾怎麼聽音樂的「脈衝」，並要觀眾挑戰在他彈琴時傾聽這些脈衝。他教育觀眾樂理與演奏的知識。

以唱歌來互動
他在描述蕭邦的前奏曲時，彈奏一段降調音符，從 B 降到 A、G、再升到 F，然後保留最後一個音符 E 不彈，請觀眾唱出來。觀眾一開始有些遲疑，於是他重申要求。當觀眾唱出最後一個音符時，他說：「喔，TED 合唱團」，讓觀眾哈哈大笑。

故事永恆的結構可能包含說服人、娛樂人和告知人的訊息。故事是幫助觀眾回憶要點並付諸實踐的完美手段。一旦簡報放入故事形式中，便有了結構，能創造觀眾希望的「解決的不平衡」，並定義觀眾可以填補的差距。（如下）

情緒對比
詹德教觀眾和弦如何像磁鐵把音樂拉回主調。當音樂從主調移到其他和弦時，會讓人覺得音樂未完結，當音樂持續以漫長、未完的和弦演奏時，會產生一種渴望的感覺，直到回到主調為止。音樂想完成、然後回家。接著詹德說：「你能不能回想一位你深愛但已經不在世的人，親愛的祖母、愛人，一個人生中全心愛著但已經不在身邊的人？請回憶這個人，然後把這條線從 B 聽到 E，你就能聽到蕭邦想訴說的一切。」

行動的召喚
最後詹德以自己改變生命的體悟做為結尾，他認為自己的職責是喚醒其他人的可能性。「你如何知道自己是否成功了？看著他們的眼睛。如果他們的眼睛閃閃發亮，那就表示你做到了。」他挑戰觀眾問自己這個問題：「我們回到世界時，自己的角色為何？這與財富、名望和權力無關，而是你周遭有多少閃閃發亮的眼睛。」

這次他演奏作品時，作品已內建的渴望與渴求之美就在觀眾心中顯現。他們可以在音樂中感覺到自己。當觀眾可以在情感上理解古典樂時，他們就會愛上古典樂。

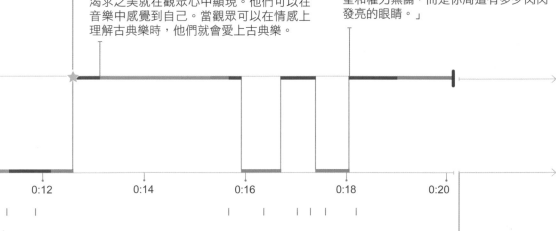

0:12　　　　　0:14　　　　　0:16　　　　　0:18　　　　　0:20

以唱歌吸引觀眾投入
雖然影片中看不到這一段，但詹德在安可聲中回到舞台，然後他再次帶領 TED 合唱團以德語生動演繹了貝多芬的〈歡樂頌〉（*Ode to Joy*）。

共鳴法則

2

把故事融入簡報中，
會產生指數成長的效果。

第 3 章

吸引簡報中的英雄

如何與觀眾產生共鳴

中學的演講老師可能教過你這種消除緊張的方法：想像觀眾都穿著內衣坐在台下。但這種方法早就宣告過時。相反地，你要想像觀眾穿著五彩繽紛的緊身褲和長袍、戴著英雄徽章，因為這些英雄肩負把宏偉想法化為現實的重責大任。

知道觀眾行為背後的原因，與他們產生連結，是很重要的事。所以你如何認識他們、真正了解他們的生活樣貌？什麼讓他們笑？什麼讓他們哭？什麼讓他們聚在一起？什麼能煽動他們？為什麼他們值得在人生中贏得勝利？找出這些背景很重要，前美國電信公司AT&T簡報研究經理肯恩·哈默（Ken Haemer）指出，「**設計簡報時心中未設想觀眾是誰，就像寫情書寫給『敬啟者』一樣。**」這部分將協助你思索英雄屬性與導師原型，以創造對觀眾的同理心。

儘管你的英雄齊聚一堂，但也不能把他們想成同性質的人。**準備簡報時，不要把觀眾想成一體，而應該把他們想成一列隊伍，每個人都等著跟你面對面交談。**要讓每位觀眾覺得你將與他們進行個人交流，這有助於簡報以對話的形式跟他們對談，讓他們持續保持興趣。一般人不會在對話的時候睡著（除非你的話很無聊。如果真是如此，你需要本書以外的協助。）

聽眾是由一群個體組成的臨時團體，集會時間大約一小時左右，唯一的共同點：都是來聽你的簡報（演講）。他們在同一時間聆聽著相同的訊息，卻以不同方式來過濾這些訊息，並蒐集自己認為有趣的獨特見解、重點與意義。如果你找到與這群聽眾溝通的共同點，那麼他們過濾訊息時會比較容易接受你的

觀點。

　　你的另一個選擇是對觀眾中的特定人士，打造高針對性的訊息，讓你的簡報成為與最優先等級人士之間的個人交流。即使只有一個人懂，如果是對的人，那就值得了！

　　你需要認識這些觀眾，你是他們的導師，每位觀眾都有他獨特的技能、弱點，甚至一二個敵人。建立簡報內容時，觀眾是你的重點。事實上，觀眾實在太重要了，本書接著兩章都會圍繞這個主題。因此，不要再去想自己的事，開始思考怎麼與觀眾建立連結吧。

區隔你的觀眾 ——「蒐集」同理心

　　了解觀眾的其中一種方法是「區隔化」（segmentation）。**藉由把一大群觀眾劃分為較小的群體，藉此鎖定帶來最多附加支持的受眾群**。請判斷哪一群人最可能採納你的觀點，這意味著以最小努力可產生最大影響的那群人。想吸引更大的觀眾群，同時又要與能幫助你的重要子群體建立深刻連結，的確是件棘手的事，但值得努力一試。

　　最常用的區隔法是以族群背景（demographics）劃分。多數會議主辦單位能提供的觀眾相關訊息十分有限：他們在哪裡工作、什麼職稱、地理位置、公司單位等。你可以根據這些訊息做一些假設，但僅止於假設。

　　我過去曾向一家全國性的啤酒製造商高級主管們做簡報，當時我花時間思考如何與他們建立連結，因為單憑背景資料看來，我們並沒有太多共同之處。我是一個只喝水果雞尾酒的中年女性，對我來說啤酒喝起來就像有泡沫的小便。我們之間的差異相當大。由於無法從主辦單位得到足夠的資訊，我不知道對他們來說什麼才重要。

	啤酒公司主管	南西・杜爾特
性別	34位男性、14位女性	女性
職稱	職稱包括總監、副總裁、行銷長	創業家與執行長
地理背景	分別從11個國家飛來開會	距離會議地點開車3.6哩

他們的性別與國籍資訊，不足以讓我跟他們進行有意義的溝通。觀眾不會因為年長或年輕，來自堪薩斯州或加州，就被你的簡報打動。背景資料只是故事的一部分。

想真正做到有效溝通，必須更進一步研究，這代表你要調查出更多見解。如果你針對的是更廣泛的產業族群，或許可以上網找產業指標人物寫的熱門部落格，了解他們心裡的想法，或者留意他們在社群媒體網站上聊了些什麼，反覆研讀到自己好像認識這些人一樣。

不要以老套或籠統的方式來區隔你的觀眾。過於廣泛界定觀眾，可能會讓你顯得缺乏人情味或準備不足，也可能讓觀眾覺得自己像統計數據，或像狹隘刻板印象的一部分，如此一來可能讓他們不開心。重點是，要以準確且適當的方式界定你的簡報觀眾。

當時，我準備了幾件事來協助這場啤酒公司的簡報。我訂閱了幾本主要的行銷刊物，了解該品牌的相關評論。我在社群網絡上徵求意見，搜索了有關該公司的文章，看了熱門啤酒部落格上的對話。我在網絡上找到他們公司的簡報，讀了他們的新聞稿，以及最新的年度報告。

我甚至跟自家員工辦了一場啤酒試飲會，還找到了自己喜歡的口味。

這些研究幫助我了解他們所面臨的挑戰。即使在實際簡報中只運用了部分見解，但我感覺自己理解他們，對他們心中的想法充滿同理心。這些見解讓我覺得與他們產生連結。

第四十屆美國總統
隆納·雷根

案例研究
雷根總統——挑戰者號演說

　　美國總統雷根是位老練的溝通者。他在太空梭「挑戰者號」（Challenger）墜毀事件後，立即面臨一場艱鉅的溝通情境。

　　挑戰者號已經延遲升空兩次，白宮堅持要求太空梭必須在當年的國情咨文（State of the Union address）前發射，因此才於1986年1月28日升空。這次行動被廣為宣傳，因為第一次有平民登上太空旅行——一位名為克里斯塔·麥考利芙（Christa McAuliffe）的老師。原先的計畫是讓麥考莉芙在太空中跟學生進行交流。根據《紐約時報》的報導，美國九至十三歲的學童有將近半數在教室裡觀看這次直播。然而，在短短的七十三秒飛行之後，挑戰者號突然起火、爆炸，震驚全世界，太空梭上七名機組人員全數喪生。

　　雷根總統取消了當晚原定的國情咨文，改為針對這起全國悲慟的事件發

表演說。艾登·穆勒（Michael E. Eidenmuller）在《偉大演說中的好話術》（*Great Speeches for Better Speaking*）一書中描述了該情況：「雷根針對這起國殤向美國人民發表談話時，扮演了致悼辭的角色。他在這角色中需要賦予事件奮發向上的意義、讚揚亡者，並撫慰這場無法預料、原因仍不明的災難所引發的各種情緒。做為致悼辭者，雷根必須讓觀眾感受到救贖的希望，尤其是最直接受到衝擊的那些人。但雷根不僅是致悼辭者，更是美國總統，必須以得當的總統之尊來履行這些職責，使其既符合他的職位，又適合該主題。」

雷根總統可靠地角色扮演，應付不同觀眾群的能力，是他成為「偉大溝通者」的重要原因。

若按照傳統的性別或政黨來區分觀眾發表演說顯然並不適當。雷根這場演說仔細針對各觀眾群，成功滿足他們的情感需求，自然地對觀眾做出了符合情況的區隔。

觀眾區隔

集體 哀悼者	罹難者 家屬	學童	前蘇聯	美國 太空總署

雷根謹慎地把所有的子觀眾群與較大的觀眾群「集體哀悼者」連結起來。他把各群體視為一個有機的整體：全國民眾共同哀悼與緬懷這場國殤。穆勒說：「災難事件定調了修辭情境，為演講提供基礎。絕望、焦慮、恐懼、憤怒、失去意義和目的是深刻影響所有人的強大心靈力量。有句話說：『沒有希望，人們就會滅亡。』如果未能聽到有力而及時的鼓勵，人們可能永遠找不到

希望的理由。」

　　雷根的演說只有短短四分鐘。你將在以下兩頁看到雷根總統如何周密又出色地針對不同觀眾群講話。這個分析的諸多見解取自艾登‧穆勒的《偉大演說中的好話術》一書。下文中的楷體字為著作中的直接引文。[www]

演講文	分析
女士先生們，我原本準備在今晚發表國情咨文，但今天稍早的事件讓我改變了計畫。今天是哀悼與緬懷的一天。南西和我都因挑戰者號失事感到悲痛萬分。我們知道，全國民眾跟我們一樣悲慟。這無疑是全國上下的損失。	國情咨文演說是一年一次、憲法核定的演說，有如全國的進度報告。重新排定時間是一件大事。雷根既把自己定位為緊張局勢外的全局掌控者，又把自己定位在能切身感受到實際痛苦的立場中。
十九年前幾乎同一天，我們在地面的一次可怕意外中失去了三名太空人。但我們從未在飛航中失去過太空人。我們從未經歷過這樣的悲劇。或許我們遺忘了太空梭上的組員需要多大的勇氣。挑戰者號的七名組員深知其中的危險性，但仍克服恐懼，出色的履行自己的任務。我們悼念這七位英雄：麥克‧史密斯（Michael Smith）、迪克‧史高比（Dick Scobee）、茱蒂斯‧萊斯尼克（Judith Resnik）、羅納德‧麥克奈爾（Ronald McNair）、鬼塚承次（Ellison Onizuka）、克瑞格‧賈維士（Greg Jarvis）、克莉斯塔‧麥考莉芙。我們舉國同心哀悼。	雷根把這場悲劇置於更大的框架中，但並未遺忘當前悲劇的重要性。他唸出每位機組人員的名字，並讚揚他們的勇氣。為了進一步安撫民眾的情緒，雷根再次呼籲民眾進行全國哀悼，並把主要觀眾群確立為集體哀悼者。
對於七位罹難者家庭，我們無法百分之百體會你們所承受的巨大衝擊。但是我們同樣感到損失，我們的心與你們同在。你們的親友敢於冒險、勇往直前，他們有著特殊的恩典，那種特殊的精神說著：「給我一個挑戰，我會滿懷喜悅迎向它。」他們渴望探索宇宙，挖掘宇宙的奧祕。他們希望為民效勞，他們做到了。他們已為我們所有人效勞。	雷根把焦點縮小到率先受到衝擊、也是傷痛最深的子觀眾群：罹難者的家屬。他表明論及他們心中的感受是不恰當的，並以「敢於冒險」、「勇往直前」、「特殊的恩典」、「特殊的精神」等他們能理解的詞語讚美其家人。

演講文	分析
在本世紀，我們已對奇蹟習以為常，很難有什麼讓我們發出讚嘆。但二十五年來，美國太空計畫一直創造驚奇。我們習慣了太空的概念，或許忘記了我們才剛起步。我們仍是開拓者。挑戰者號的組員們都是開拓者。	雷根把注意力重新帶回廣泛觀眾對更宏大科學故事的興趣。然後，稱組員為開拓者，設想他們在歷史上的地位已超越科學的界線。「開拓者」一詞有著神話般的含義，可以追溯到美國最早的冒險活動。
另外我想對觀看太空梭起飛實況轉播的同學們說一些話。我知道這很難理解，但這種痛苦的事有時候仍會發生。這是探索與發現的一部分。這是勇於冒險與擴大視野的一部分。未來不屬於弱者，而屬於勇者。挑戰者號的組員正把我們帶向未來，而我們將繼續追隨他們的腳步。	雷根的下一個子觀眾群是約五百萬名的美國學童，包括麥考莉芙班上和學校的學生。雷根短暫採用了具同理心的父母口吻，這是「總統」角色較難做到的一點，但雷根表達得很好。
我持續對太空計畫充滿信心與敬重。今天發生的事情並未讓我的信心與敬重有一絲減少。我們不會隱藏我們的太空計畫，我們不會祕密操作，也不會掩蓋一切。我們堂堂正正的公開進行一切。這就是自由之道，我們絲毫不會改變。 我們將繼續太空探索，以後太空中會有更多太空梭、更多機組人員，還有是的，更多的志願者、更多平民與更多老師。這不是結尾，我們的希望和旅程將繼續下去。	在這裡，「哀悼辭者」雷根交棒給「美國總統」雷根。這段落的演說是唯一有政治聲明的部分，對象是蘇聯。他抨擊蘇聯掩蓋太空失敗的祕密，這點激怒了美國科學家，因為大家都知道，共享知識是確保太空計畫穩定與安全的最好方法。
我想補充一點，我希望向太空總署的每位女士先生或者負責此任務的工作人員說一聲：「你們的奉獻和敬業數十年來讓我們欽佩動容。我們了解你們的痛苦。我們感同身受。」	在這段向美國太空總署的直接談話中，雷根給予了必要的鼓勵，然後又以「我們感同身受」這句話重複跟整體觀眾建立連結。
今天有個巧合。三百九十年前的這一天，偉大的探險家法蘭西斯．德瑞克爵士（Sir Francis Drake）死於巴拿馬海岸附近的船上。他一生中，最偉大的疆域是海洋。一位歷史學家曾說：「他住在海邊，死在海上，葬在海裡。」今天我們可以對挑戰者號的組員們說：「他們的奉獻，跟德瑞克一樣是毫無保留的。」 挑戰者號的組員以他們的生命歷程為我們帶來榮耀。我們永遠不會忘記他們，也永遠不會忘記今天早上，當他們正準備踏上旅途並揮手告別，最後「掙脫了塵世的束縛」而「觸碰了上帝的臉」。謝謝。	結尾時，雷根創造了一個動人且詩意的時刻，此時捕捉了人類為解決未知之謎不懈追求的神話氛圍。「觸碰上帝的臉」這句話取自第二次世界大戰時期美國飛行員約翰．馬吉（John Magee）所寫的詩〈高飛〉（High Flight）。馬吉駕著噴火戰機（Spitfire）飛升至三萬三千呎的高空時，萌生了這首詩的創作靈感。至今這首詩仍保存在美國國會圖書館中。

認識你的英雄

　　把觀眾區隔成不同受眾群對簡報非常有幫助。但人性非常複雜，為了建立人與人之間的連結，你必須與人性產生連結。你需要花時間分析他們的生活，如此一來才能產生有價值的見解。**畢竟，想影響你不認識的人是很困難的。**

　　電影開始時，英雄討人喜歡的特性就已經確立。簡報也是如此。成功的好萊塢編劇布萊克·史奈德（Blake Snyder）創造了「救貓咪」一詞來描述英雄討人喜歡的特性。史奈德說，所謂「救貓咪」的場景就是「我們遇見英雄正在做什麼的地方——例如救了一隻貓咪——這件事定義了他這個人，並使觀眾喜歡他。」你可藉由回答下文的問題，找出讓你的英雄討人喜歡的特點。

　　喜歡你的觀眾，是真誠對待他們的第一步。研究他們，設身處地為他們設想。什麼會讓他們晚上睡不著覺？他們的使命是什麼？如何讓世界變得不同？以一天、一小時與一分鐘為單位來想像他們的生活。

　　請記得，他們是人類，生活亂哄哄。他們家裡可能有生病的孩子、他們可能因為旅館的枕頭沒睡好、財務上入不敷出，或者覺得自己並未領先其他競爭者。你可以思考，如果他們採取行動的話，自己的想法可以如何幫助他們減緩壓力。

　　我們很容易把重心放在他們「職業」上，當然，這些問題可以協助你去思考「他們是什麼人」。但這二者是有差別的。知道他們的職稱還不夠。假設你即將在一場人力資源活動上演說，而大多數的參加者都是人資總監。請上網搜

尋他們大致的收入。依據他們居住地，想想這樣的收入夠用嗎？想像一下他們把薪水花在哪裡呢？這種職位的人典型性格如何？他們做事屬於隨性型，還是條理型？

請持續回答這些問題，直到你不再片面關注觀眾的職業工作，而開始熟悉他們是怎麼的人。你可以去想像他們的童年。他們小時候玩些什麼遊戲？他們的居家生活如何？什麼電視節目能夠影響了他們的心理？任何能產生連結的事情都去思考。

你的目標是弄清楚觀眾在乎什麼，然後把那件事與你的想法建立連結。

觀眾是誰？

生活模式
觀眾討人喜歡之處為何？設身處地去想他們的生活是什麼樣子？他們都跟誰混在一起（實際生活以及網路上）？他們的生活模式是怎樣的？

知識
他們對於你的主題已經知道哪些事？他們從哪裡獲得這些知識？他們有什麼偏見或偏好？

動機與渴望
他們需要或渴望什麼？他們生活中缺了什麼？什麼會刺激他們或引起他們的興趣？

價值觀
什麼對他們是重要的？他們怎麼花錢？時間規畫方式為何？他們生活中的優先事項為何？什麼能團結或煽動他們？

影響
什麼人或事會影響他們的行為？什麼經驗影響了他們的想法？他們如何做出決定？

尊敬
他們如何給予並接受尊重？你可以做什麼讓他們感覺受到尊重？

導師的角色

　　花時間進入觀眾的心理和想法之後，現在是檢視你身為導師這個角色的時候了。等等，稍早之前本書不是叫你不要考慮自己嗎？所以現在到底該怎麼做才對？聽起來似乎有矛盾，但實際上**導師是無私的，是在思考他人的脈絡下思考自己**。這些練習將幫助你在「可以提供什麼給觀眾」的角度下思考你自己。

　　導師的角色是要在人生的關鍵時刻影響英雄（觀眾）。導師在旅程中的出現，對於協助英雄擺脫懷疑與恐懼的阻礙非常重要。導師通常有兩大責任：教導以及給予禮物。

　　在電影《小子難纏》中，宮城先生不但指導了弟子丹尼爾空手道的技巧，還教他洞察生活的意義：

宮城先生：怎麼了？

丹尼爾：我很害怕。比賽和所有的一切。

宮城先生：你記得平衡的課嗎？

丹尼爾：記得。

宮城先生：那個課不只是空手道，也是生活的課。整個生活要保持平衡，這樣
　　　　　一切都會比較好。了解嗎？

> 宮城先生是位十分聰明的老兄。他在這樁交易中要丹尼爾幫自己磨亮露台、洗了車、粉刷了籬笆和房子。有時候導師會得到一些好處沒錯，但英雄始終應該得到更大的利益。

你可以帶給觀眾什麼人生見解？運用你深刻體悟的事實，接著向觀眾傳達充分發揮潛能、實現人生召喚是什麼感覺。

請留意你要如何融入他們的生活。你正在英雄偉大的人生故事中短暫出現，以協助他脫離困境，並提供資源，在旅程上助他一臂之力。是的，你有重要的訊息要傳達，甚至有交易要完成，同時你的簡報也應該提供有價值的資訊。

導師應該提供英雄重要、有用，而且他們先前並不知道的資訊。你應該在英雄害怕或遲疑的時候激勵他們，補給他們的工具腰包。這些工具可能是成功的路線圖、新的溝通技巧，甚至是對他們靈魂的洞察。無論是哪一種工具，**觀眾聽完簡報離開的時候，應該了解了他們先前所不知道的事情**，並且有能力把那些知識用來幫助自己成功。

你不能懷著觀眾是在你的旅程中幫助你的心態。你才是觀眾的禮物。導師偶爾會從這種關係中獲得一些好處，例如知識或洞見，但那不應該是你的目標。觀眾必然會從中發現自私的動機。

你可以給觀眾什麼？

引導	信心	工具
什麼見解與知識可以在觀眾的旅程上協助他們？	你如何提高觀眾的信心，讓他們不再遲疑？	他們可以從你這裡得到什麼能用在旅程上的工具、技能或神奇的禮物？

建立共通點

跟觀眾建立共通點就像清出一條道路，從他們的心通向你的心。**藉由辨別與闡明共享的經驗和目標，你可以建立起堅固的信任之路，讓他們覺得到你這裡來很安全**。你要發展出信任感，才不會顯得太高傲自大。不管你的資歷再厲害，都應該以謙虛無私且能與觀眾建立連結的方式來呈現。

能與觀眾分享真知灼見和一二種神奇的工具當然很好，但如果你的可信度不高，觀眾根本不會聽。你在做簡報的時候，他們正打量著你：他表達清晰嗎？他夠格嗎？我喜歡他嗎？人們在採納新觀點之前，往往會根據自己的標準和經驗來比較和驗證他人，這是人類的天性。

專注在共通點上可增強可信度，所以請花點時間找出與觀眾的相似處，尋找你可以強調的共享經驗和目標。這群人擁有多樣性，原本不太可能團結一致，但建立共通點的簡報可以將一群不同的人團結在一起，為實現共同的目標而努力。人們為實現共同目標而緊密相連時，就會拋開分歧。

如果簡報搞砸了，我們很容易歸咎於觀眾誤解，然後說：「這不是我的意思。他們怎麼會這麼笨？」如果真要怪罪，十根手指頭都應該指向你，而非觀眾「誤解」你的簡報，是你選擇傳達想法的用詞和影像。如果簡報與觀眾的經驗不符，你必須為此誤解負責。

2007年，我在傳達我們公司的願景時，也曾遇過「為什麼他們聽不懂這個顯而易見的想法？」的時刻。我的員工並不是瞎子，我的

溝通的確有問題。經歷了三次重大的經濟衰退之後，不難看見下一次衰退就在不遠處。我當時知道公司需要立即做出改變，以度過難關。但對團隊來說，一切顯得安全穩定。因此，當我發出緊急的「危險迫在眉睫」訊息時，產生了反效果。在我戲劇化的簡報結束之後，我的員工們呆若木雞地坐著，感覺就像我試圖操縱、恐嚇他們天要掉下來一樣。

　　我以為簡報充滿洞察力與迫切性，但那些只經歷過繁榮與穩定的年輕員工，卻認為簡報充滿操控性。我的訊息和溝通方式拖垮了進度。有少數人理解我的觀點，但想讓所有人都參與其中幾乎是無法克服的障礙。之後還花了整整一年重新建構議題、建立團隊衝勁，即使當時衰退來臨，我依舊無法吸引他們，而這一切歸咎於我未能使用觀眾可以產生連結的符號或經驗。

觀眾可以選擇要不要與你建立連結。人們通常只會在符合自己最佳利益時才會做出回應。個人的價值觀最終將驅動他們的行為，因此理想情況下，你應該辨別現有價值觀並與其保持一致。

如何與觀眾產生連結

共享經驗
你們過去有什麼共通點：回憶、歷史事件、興趣？

共同目標
你們未來要邁向何方？什麼類型的結果是你們共同渴望的？

資歷
為什麼你獨具資格做為他們的引導？你曾經歷過什麼類似的旅程而有正面的結果？

從共同處開始溝通

　　為什麼要回答這些有關觀眾和你的問題？想有同理心地與觀眾建立連結，你必須發展出對他們感受與思想的理解及敏感性。

　　人們前來聽簡報時，心裡和頭腦裡已經整齊存放著自己的事實與情感。人類原本就會吸收資訊，然後轉換形成自己觀點的個人意義。

　　了解並調整至觀眾的頻率是講者的職責。你的訊息應該與他們心中原有的想法產生共鳴。身為講者，如果你發送的訊息符合他們需求與渴望的「頻率」，他們就會改變，甚至熱情的顫抖，並共同努力創造出美麗的結果。

　　當你充分理解某人時，你們共同的經驗會創造出共享的意義。我的丈夫馬克可以只吐一個意義充分的字，我當下就大笑出來。當然，你並未與觀眾結褵三十載，但如果你做足功課，他們就會像你的好朋友一樣。朋友知道如何說服對方。他們可以自然而然地影響彼此的觀點。

　　建立你們的相似處也將釐清各自的相異處。一旦找出重疊的部分，你將更為清楚重疊處以外觀眾需要接受的部分。

　　你的目標是找出最相關、最可信的方法，把議題跟觀眾最重視的價值觀與問題互相連結。

> 「如果有人問我怎樣的語言才是最完美的語言，我會回答：一個人對著五百個形形色色的人講話，除了白痴或瘋子以外，所有人都理解了，而且與講者原本意圖表達的意思相同。」
>
> 英國小說家丹尼爾・笛福（Daniel Defoe）

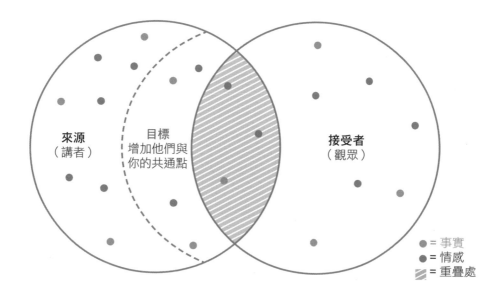

當你認識某個人,而且真正了解他們時,要說服他們變得容易多了。只要花時間熟悉你的觀眾,你說服的能力也會增強。

認識你的英雄:觀眾是決定你想法結果為何的英雄,因此徹底了解他們很重要。設身處地去思考觀眾的角色,仔細觀察他們的生活。把他們想像成錯綜複雜的個體。認同他們的感受、思想和態度。挖掘他們的生活方式、知識、渴望與價值觀。描繪出他們在平凡世界中的樣貌,這有助於你與他們建立連結,並從同理心的角度與其溝通。

導師的角色:抱持導師的立場使你心懷謙遜。你的心態會從強加資訊給「無知的觀眾」,轉為提供有價值的工具給他們,好在旅程上引導或協助他們擺脫困境。聽完簡報離開時,他們應該比沒遇見你之前,多了有價值的洞見。

當觀眾聚集時,即是他們給了你生活中寶貴的片刻。讓他們感受到與你度過的時光能為生活帶來價值,是你的職責。

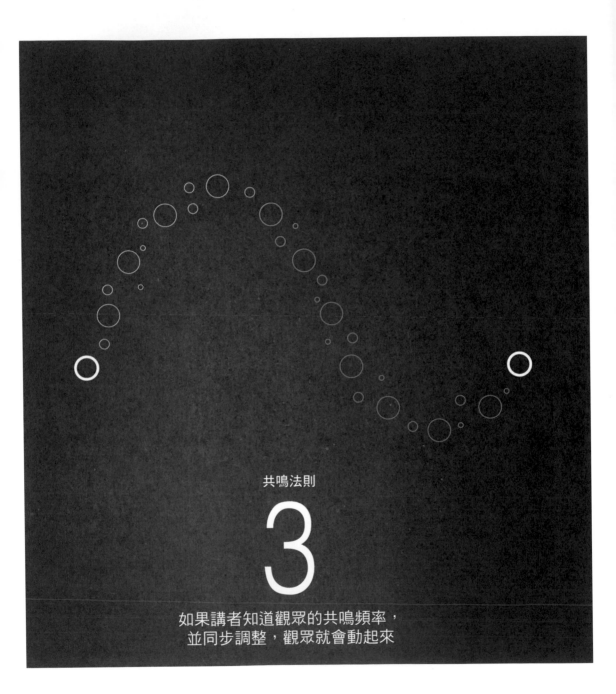

共鳴法則

3

如果講者知道觀眾的共鳴頻率，
並同步調整，觀眾就會動起來

第 **4** 章

為觀眾設定旅程

為觀眾的旅程做好準備

簡報應該有目的地。如果你不先規畫好「希望觀眾聽完簡報後該前往什麼位置」，他們就到不了那裡。如果有名水手想航行至夏威夷，他不可能跳上船，打開船帆，猜測方向，然後預期航行數天後到達目的地。這樣根本行不通。你必須設定航線，這代表必須發展正確的內容，而你設定的目的地可以做為引導。你分享的每一點內容，都應該把觀眾朝目的地推進。

請記住，簡報旨在把觀眾從某位置轉移至另一個位置。當他們離開自己熟悉的世界，朝你的觀點靠近時，會產生一種失落感。所以你是在說服觀眾放棄舊有的信念或習慣，改採新觀點。當人們從新角度對某事產生深刻的理解時，他們會傾向改變。這種改變始於內部（內心和頭腦），以外部變化結尾（行動和行為），整個過程通常歷經一番掙扎。

掙扎通常會出現阻力，如果你規畫得當，就能加以利用這股力量。帆船逆風航行時，調整船帆即可借力使力。如果控制得當，帆船行駛的速度可能比風還快，即便船正逆著狂風而行。你或許無法控制觀眾阻力的強弱，但你能「控制船帆」（你的訊息），並運用它來獲得動能。控制得當時，看似相反的力量反而能產生向前的動力。然而，就像航行一樣，你也需要來回移動才能抵達目的（正如簡報格式一樣）。

觀眾的旅程必須先被規畫好，並且所有相關訊息都應把觀眾朝目的地推進。

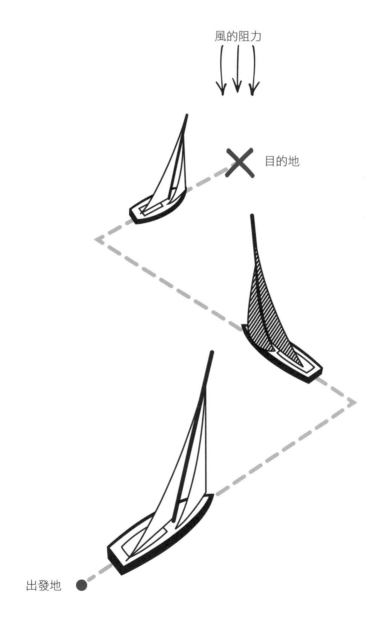

風的阻力

目的地

出發地

掌握核心訊息

核心訊息是你想傳達的主要訊息，包含了讓觀眾以新的指南針做為指引，設置新航線的動力。編劇則稱為「中心思想」（controlling idea），也被稱為主旨、要點、主旨句、單一統一訊息。

好的核心訊息包含三部分：

第一，核心訊息必須闡明你的獨特觀點：

人們是來聽你說話的。既然他們想知道你對該主題的看法，就應該讓他們聽到你的看法。舉例來說，「海洋的命運」只是一個主題，而非核心訊息。「全球污染正危害著海洋和我們」則是有獨特觀點的核心訊息。核心訊息不一定非得獨特到前所未聞，只要提出「你」對該主題的觀點即可，而非泛泛之談。

第二，核心訊息必須傳達出風險所在：

核心訊息必須闡明觀眾為什麼該關切此事，甚至採納你的觀點。你可以說想法是「通過新的立法復育濕地」。但請比較以下說法：「如果沒有更好的立法，到2025年時，濕地的破壞將造成佛羅里達州經濟損失高達七百億美元。」傳達議題的風險有助於觀眾體認參與此事的需求，並成為英雄。如果沒有令人信服的理由讓人採取行動，核心訊息就無法達到預期效果。

第三，核心訊息必須是完整的句子：

以句子的形式來說明，讓句子有名詞與動詞。當你問某人「你的簡報內容是什麼？」時，多數人會回答「第三季的更新訊息」或「新軟體計畫」等答案。這些都不是核心訊息。核心訊息必須是完整的句子，如「這軟體可以讓你的團隊更有生產力，在兩年內創造出一百萬美元的收益。」如果句子中用到「你」更好，代表這句話是針對某個人寫的。

設計核心訊息

| 你對某主題獨特的觀點 → | 向接受或不接受你觀點的人清楚宣告風險何在 | → 以句子的形式呈現 |

以下非核心訊息	以下為核心訊息
月球任務	美國應該在太空成就上保持領先，因為這是地球的未來關鍵。
客戶電話銷售	我們的軟體可讓你的客戶看到他們的紀錄，從而省下員工的查詢時間，並使你的利潤提高 2%。
第三季更新訊息	第三季度的數字下滑了，為了保持競爭力，每個部門都必須支持銷售計畫。

美國前總統約翰・甘迺迪（John F. Kennedy）知道無人可預測太空競賽的結果，但他相信這將決定自由與專制間的戰爭輸誰贏。

情感是核心訊息的另一個要素。把各種情感化繁為簡可以讓這項任務變簡單，最終只訴諸快樂與痛苦。極具說服力的簡報會利用快樂與痛苦進行以下操作：

- 如果觀眾拒絕這核心訊息，痛苦的可能性將增加，快樂的可能性則降低。
- 如果觀眾接受這核心訊息，快樂的可能性將增加，痛苦的可能性則降低。

　　例如，以「我們正失去競爭優勢」為重點的商業簡報，沒有談到風險為何。相較之下，「如果我們不重新取得競爭優勢，你可能丟掉飯碗。」這句話就清楚指出巨大風險。句中訴諸了員工的生存本能。人面對威脅和急迫感時會想改變。在2007年1月的《哈佛商業評論》中，變革大師約翰‧科特（John P. Kotter）解釋：「大多數成功的變革始於某些人或團體開始認真審視公司的競爭狀態、市場定位、科技趨勢與財務績效。接著，他們找到廣泛且能戲劇化地傳達這些訊息的方法，尤其是針對危機、潛在危機或及時雨一般的絕佳機會。」

　　簡報的重心應該符合實際情況的嚴重性，準確且不多不少的反映出所有風險。

打動觀眾陪你一起走

在建立核心訊息並設定出目的地之後，現在是規畫旅程的時候了。請記得「說服」意味著你要求觀眾以某種方式進行改變。多數的改變都讓人不得不從原先的生活或行為方式，轉向另一種新的生活或行為方式。很多時候，必須先發生內部的情感變化，才會透過行為表現出外部變化的跡象。

看別人產生變化很有趣。我們觀賞電影或閱讀，是為了看主角發生的轉變。這種精心策畫的變化稱為「角色弧線」（character arc），是英雄經歷中，可辨別的內部與外部變化。

當劇本提交給電影製作公司審核時，故事分析師評估的，就是角色弧線的品質優劣。故事分析師只須看劇本的第一頁和最後一頁，就可以迅速判斷角色弧線夠不夠好。第一頁設定電影開始時英雄是誰，最後一頁則決定英雄在過程中改變了多少。這種快速評估劇本的方式，可以確認英雄在旅程中是否有所轉變。如果英雄到了最後一頁沒有太大改變，可能代表這部電影很無趣。精采的故事能夠看到角色的成長與轉變。

故事分析師會查看劇本的第一頁和最後一頁，你也必須以相同的方式，在簡報開始時研究你的觀眾，以及對他們的展望，並設定期望他們離開時成為怎樣的人。觀眾進入簡報室的當下，對於「你的主題抱持的觀點」是你想改變的。你想把他們從沒有動作變為有所行動。你希望他們離開簡報室時，會認為你的觀點很寶貴並想付諸實踐。但是如果沒有經過精心的規畫，這件事就不會發生。

規畫觀眾的旅程時，請先確定要把觀眾從哪裡轉向哪個目的地，確認他們內向與外向的轉變。如果你改變了他們的外在，通常可以從行動中觀察到這點，外向轉變是觀眾理解並相信核心訊息的佐證，換句話說，改變信念即能改變行動。

你可能會想：「天哪，我只不過要在員工會議做報告而已，我要省略這步驟。」如果是這種情況，更好的選擇是寫個報告發送給大家即可。但如果你的員工會議是關於某件超出預算的專案，那麼最好進到簡報室，讓觀眾從認為超出預算無所謂的狀態，轉為承擔責任並努力確保預算回到正軌。這就是一種需要說服他人的情況，必須明確規畫出旅程。

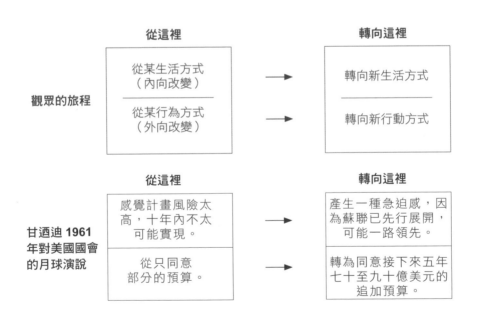

規畫旅程的方式

接著會談到規畫觀眾旅程時,有助催生想法的數種方式。下方是從變革管理相關文章中所選出的單字列表。這份列表不夠詳盡,不能因應每種改變,但可以幫助你激發一些如何轉變觀眾的想法。

從這裡 ⟶ 轉向這裡	從這裡 ⟶ 轉向這裡	從這裡 ⟶ 轉向這裡
避免・嘗試	脫離・參與	誤解・理解
指控・辯護	厭惡・喜歡	反對者・提倡者
冷淡・感興趣	漠視・審視	復仇者・盟友
有意識・購買	勸阻・說服	有義務・有熱情
取消・實施	分歧・聯合	消極無為者・行動主義者
混亂・結構	排除・納入	悲觀者・熱觀者
保守心態・開放心態	耗弱・振奮	拒絕・接受
複雜化・簡單化	忘記・記得	抗拒・服從
隱藏・熟悉	遲疑・願意	退後・追求
困惑・清楚	阻礙・促進	危險・安全
控制・授權	無知・學習	妨礙・促進
解構・建立	忽視・回應	懷疑・希望
延遲・行動	無力・影響	標準化・差異化
鄙視・渴望	即興・計畫	不動・開始
破壞・創造	個體・合作者	認為・知道
不同意・同意	無效・生效	不明・清楚
不贊成・推薦	不負責・負責	不自在・自在
解散・聚集	保持靜默・報告	暗中破壞・支持
不滿・滿意	維持・改變	
阻礙・鼓勵		

決定觀眾在過程中的移動目的地

　　許多簡報的誕生，都是為了協助觀眾從原本滯礙的計畫中順利脫困。專案與流程到了一些關鍵時刻，團隊需要鼓勵與激勵，否則專案可能趕不上截止日期或陷入停滯。另一個確定觀眾旅程的方式是評估流程，確認他們應該在哪個階段（或卡在哪個階段），接著提供你的訊息，好協助他們從目前的階段移至下一階段。舉例來說，你可能希望把客戶移動到銷售週期的下一個階段，這意味著需要讓他們從「感興趣」，前進到「評估產品」的階段。下方列出常見的流程，其中想法的生命週期圖，你可以加以運用，使想法不再卡關。

流程區分

判斷觀眾須移到過程中的哪個階段：

- **按專案流程**：分析、設計、開發、實行、評估。
- **按銷售週期流程**：意識、興趣、渴望、評估、行動、忠誠度。
- **按採納流程**：創新者、早期採用者、多數人、落後者。

想法的生命週期

選擇你認為大多數觀眾處於流程中的哪一階段，協助解決他們的疑慮，讓他們擺脫僵局。

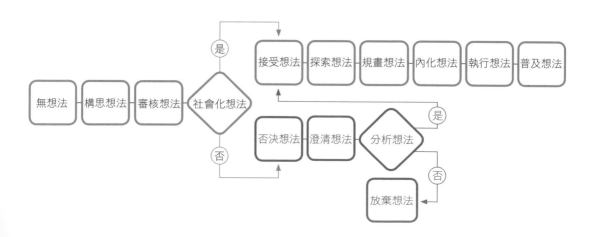

先說出風險在哪裡

人們踏上結果未卜的旅程時，難免心生恐懼感。這種未知的因素正是改變令人恐懼的原因。

改變涉及加入新事物與放棄舊事物。為了讓新組織興起，舊組織必須退下、新技術在舊技術過時之際出現。以說服而言，接受新事物也意味著犧牲其他事物。

犧牲的定義是為了更高或更迫切的訴求，因而放棄或破壞珍貴重要的事物。除非已經有所犧牲，否則觀眾通常不會改變，這意味著二相權衡與放手。

觀眾為了採納你的觀點，至少必須放棄他們從前認為正確的觀點。要他們改變主意，就像要他們拋棄長久在身邊的老朋友一樣。失去老朋友是很難受的事。

即使你覺得只是枝微末節的小事，例如為工作犧牲一段私人時間，都有必須面對的風險。加班可能讓他們錯過練習排球的時間，或錯過把孩子送上床的機會。請了解你要求觀眾做某事時，他們必須做出的犧牲，因為你正要求他們放棄生活中雖小但不可回復的一部分。如果你有考量到，要求觀眾接受你核心訊息時所面對的潛在風險，你就會處理好他們的憂慮，並有效地回應他們來克服難關。

抗拒心態的來源，通常與觀眾自知必須做出的犧牲有關。放棄時間或金錢對他們來說是一種損失。你的簡報對他們自覺滿意的立場而言是一種干擾。你要他們購買你的產品、跟他們說必須更有生產力，或須加入某活動等等，但他們覺得自己的現況好得很。

改變需要先有破壞才有建設，這是觀眾最需要導師鼓勵的時候。

同理觀眾的犧牲與風險

犧牲
觀眾為了採納你的想法必須犧牲什麼？他們要放棄什麼信念或理想？他們需要花費多少時間或金錢？

風險
可被察覺的風險是什麼？他們會需要經歷什麼身體或情感上的風險？他們會需要施展什麼能力？他們會需要面對什麼人或什麼事？

處理拒絕——當你的召喚被拒絕時

毫無疑問地，大多數人不喜歡改變，心生抗拒。觀眾可能理解你的請求，甚至心理上已經接受，但還是不肯採取行動。

在2008年7月號的《哈佛商業評論》中，約翰·科特和領導力大師里奧納德·塞辛格（Leonard A. Schlesinger）指出，「所有因改變而受影響的人都會經歷情感上的騷亂。即使看似『正面』與『理性』的變化亦涉及損失與不確定性。然而基於各種不同原因，個人或團體對於改變所產生的反應各異，從消極抗拒、激烈地試圖破壞到誠摯接受都有。」

觀眾按偉大計畫所做出的轉變，跟羽化成蝶頗為相似。毛毛蟲造出堅硬的保護蛹之後，在蛹內歷經一番折騰。最終毛毛蟲的軀體蛻變重組為完全不同的形體——蝴蝶。

觀眾經常會拖延或試圖在你的簡報中挑出錯誤，因為若不這麼做，就必須應付「自己舊立場與你試圖說服他們的新立場」之間的矛盾，或者選擇做出改變。他們的抗拒可能小至懷疑，大至反抗，而你必須直接了當的面對這些問題。你如何調整自己的溝通，讓觀眾從激烈地試圖破壞，轉為誠摯接納你的訊息呢？

　　仔細思考觀眾可能抗拒的所有方式。他們會用什麼態度、恐懼或侷限來做為反對實行該想法的藉口？確認抗拒的原因之後，把他們的憂慮當做預防接種。在他們有機會反駁你的觀點之前，先說出這些反對的觀點。

　　預防接種是藉由有目的讓人感染，以減輕日後感染發作時的嚴重性。你充滿同理心地說出他們抗拒的觀點來因應抗拒的心態，也是相同的過程。這麼做有助於讓他們看到你已看清一切，他們的焦慮感將因此降低。

拒絕召喚

舒適圈
觀眾對改變的忍受度有多高？他們的舒適圈在哪裡？你要求他們離開舒適圈多遠？

恐懼
什麼讓他們晚上睡不著覺？他們最大的恐懼是什麼？哪些恐懼是真的，哪些應該被消除？

弱點
他們在哪些領域是脆弱的？最近有任何改變、錯誤或弱點嗎？

誤解
他們可能對你的訊息、所提出的改變或言外之意有哪些誤解？他們為什麼覺得這樣的改變對他們或對組織來說沒有意義？

障礙
他們有什麼心理或實際上的阻礙？什麼形成了阻力？什麼阻擋了他們採納你的訊息與採取行動？

政治
權力的平衡點在哪裡？誰或什麼對他們有影響？你的想法會造成權力的變化嗎？

多數人不會因為抗拒而抗拒（雖然有些人的確會這麼做）。大多數人抗拒是因為你要求他們做的事，會需要他們在某種程度上承擔風險或做出犧牲。例如，購買產品會讓他們覺得自己正承擔名聲掃地的風險，花公司的錢購買結果不可預期的產品。

　　你認為的抗拒可能在觀眾心中完全不是這麼一回事。他們抗拒你的訊息，可能是從他們的觀點看來，接受你的想法會將他們的名聲、信用或榮譽置於風險之中。如果觀眾是以這種角度看待你的訊息，那麼你所認為的抗拒，在他們看來反而是種勇氣。他們正保護自己所珍視的事物並妥善地回應。你應該在承認這種抗拒的同時向他們保證，他們從你——他們的導師這裡——將獲得妥善的安排。

點出可以帶來什麼獎勵

　　無論是利他還是利己主義，人們都希望自己的生命能有所改變。這種改變可能小至「讓這裡變成理想的工作場所」，大至「拯救衣索比亞的生命」。

　　不管訴求有多激勵人心，除非你能描繪出值回票價的獎勵，否則觀眾不會採取行動。最終的益處必須清楚明白，無論是他們的影響力將擴大，甚或與全人類有關。如果他們犧牲時間、金錢或意見來回應你的行動號召，你必須清楚讓他們知道有什麼回報。

　　這些獎勵應該滿足生理、人際關係或自我實現的需求：

- **基本需求**：人類身體有食物、水、住所、休息等基本需求。其中任何一項受到威脅時，人類將不惜冒生命危險來捍衛，甚至為了別人這麼做。人們不喜歡看到別人連基本需求都無法得到滿足，這會讓人們慷慨解囊。

- **安全**：人們希望居家、工作和娛樂時都安全無虞。確保身體、財務甚至是技術上的安全性可讓人們有安全感。

- **節約**：時間和金錢是兩項寶貴的資產。你的簡報帶來的獎勵可能是省下觀眾的時間，或為他們的投資帶來豐厚的回報。

- **獎賞**：從個人財務獎勵到取得市占率都可能稱為獎賞。擁有某物的特權即為獎賞。

- **認可**：人們樂於因個人或集體的努力而得到榮譽，讓人另眼相看、獲得晉升或專屬的許可，這些都是給予認可的方式。

- **關係**：人們願意為了社區的前景與一群創造改變的人同甘共苦。與自己所愛的人一起慶祝勝利也可以是一種單純的獎勵。
- **命運**：帶領觀眾完成畢生夢想，可滿足他們受到重視的需求。例如，提供觀眾發揮自己潛能的機會。

　　根據以上這些類別，試問自己以下問題：觀眾能從改變中得到什麼？他們能得到什麼好處？採用你的觀點或購買某產品後，他們能得到什麼？這件事帶給觀眾的價值是什麼？

　　正如我們在「英雄之旅」中所看到的，英雄離開了平凡的世界，進入特殊世界，返回時不僅得到「改變」，還帶回「解藥」，這是他們踏上旅程所得到的獎勵。觀眾得到的獎勵，也應該與他們做出的犧牲成正比。

訂出獎勵（新福祉）

對觀眾的好處	影響力的好處	對人類的好處
採納你的想法他們能得到什麼好處？他們在物質或情感上能得到什麼好處？	這件事如何協助朋友、同儕、學生、直屬部下，讓他們更有影響力？他們如何再用這些益處去影響他人？	這件事如何幫助人類或地球？

　　身為世界最大的組織之一，奇異一直賦予創新極高的價值。他們在解決今日問題的同時，總是想像著塑造未來的革新方案。無可否認地，在這樣的過程中，昨日的創新常因明日的需求而過時。奇異一直處於現況與願景之間的變動中。

康斯塔克以對比的圖像搭配對比的文字，藉此增強自己的訊息。

奇異國際（股）公司——變革的益處

在這種革新的緊繃氣氛下，溝通絕非簡單的事。當時還是奇異行銷長的貝絲‧康斯塔克（後來晉升副總裁，2017年卸下職務）帶領團隊有效率地探索該領域，在他的許多簡報中，都談到了現況與願景之間的對比。

接下來會介紹康斯塔克的演說，這是一場試圖說服他的銷售和行銷團隊「有可能在衰退中成長」的演說（請注意此講題中暗藏對比）。他想讓自己的團隊從衰退的失敗主義者心態（現況），轉變為相信他們可以在衰退中革新（願景）。在創新的壓力中前進，是康斯塔克演說中經常談到的主題。

康斯塔克在溝通時穿插有關風險、弱點與勝利的個人故事，這讓他的話可信且透明。他甚至分享過奇異前執行長傑克‧威爾許（Jack Welch）打電話給他，因為他沒講完要講的話就被康斯塔克掛電話了。康斯塔克打電話給威爾許

的助理時，助理告訴他：「他是在教你，有時你呈現出來的樣子就是如此。」這是一堂鮮明、幽默的領導與指導課程。

康斯塔克在傳達對比方面是個天生好手。我將他簡報的鋪陳內容分為「改變現狀」、「改變做法」、「益處與結果」、「個人化故事」各項，好讓你看到他在演說中運用的精采潛在結構（第124頁）。

在衰退中成長？——奇異公司與簡報背景分析

傑夫・伊梅特（Jeff Immelt，2017退任）2001年接任奇異執行長，他的策略是公司內部成長之餘，同時在技術及創新、全球擴張與客戶關係方面進行更多投資。為了實現這個目標，奇異需要更強而有力的行銷組織來輔助技術、銷售與區域業務的領導者。幾十年來，奇異對於自己的產品充滿信心，甚至相信產品可以自我行銷。接著產生了集體的覺醒：經驗豐富的行銷人員能拓展奇異的版圖，且能組織技術以實現新成就，幫助公司朝擴大銷售的方向發展。

奇異2003年設定了積極擴展的方針，增加了一倍的行銷人才，並建立新能力。康斯塔克成為奇異數十年來第一位行銷長。奇異的行銷人員建立了行銷導向的創新投資組合與流程，每年創造二至三十億美元的新收益。藉由這次努力，奇異把行銷創新定義為技術與產品的必要合作夥伴。行銷人員是團隊的重要成員，可推動8%至10%的內部增長（organic growth），超過歷史成長率的2倍。

但時至2008年，全球經濟危機對成長率造成了嚴重的破壞，並

改變了客戶行為。成長停滯後接下來怎麼做？奇異該減少行銷嗎？他們做出相反的決定。他們認為不管何時行銷都需要受到重視。

哈佛商學院教授藍傑・古拉地（Ranjay Gulati）的研究啟發了康斯塔克。根據古拉地的觀察，在經濟衰退時期持續關注客戶並在期間進行更多投資的公司，有望在經濟復甦後五年內保持領先的地位。這點是不是吸引你的注意了呢？

奇異2008年的目標是，無論在多艱難的環境下都要專注成長。奇異須埋下種子，以便在經濟復甦時準備就緒。這意味著投資新機會並鼓勵新想法。

大多數觀眾對自己的觀點感到自在，不願意承認可能還有其他可行的觀點。當你提出想法時，是迫使觀眾做出決定：不是採納你的想法，就是拒絕並承擔其後果。想讓觀眾採納你的想法，一定要制定計畫，也就是有明確目的地。決定目的地包含創造出核心想法並清楚說明風險，還須規畫希望觀眾從所在之處轉向哪裡的路線。

觀眾一開始可能（好吧，是幾乎一定會）抗拒你所提出的改變。你必須處理這種抗拒的心態，說明涉及的風險，好平撫他們的恐懼，讓他們願意投入。

同時，確認觀眾清楚了解到他們能得到什麼好處。你正說服他們改變，當然要對他們個人、組織或人類整體帶來好處，才值得他們這麼做。

促進創造力

改變現狀
從對創造力感到不自在，轉為相信每個人都可以有創意，即使走出舒適圈外令人恐懼。

改變做法
以「組織內的自由」將亂轉為有組織條理。定義問題、為想法保留空間，並適用於個人與團隊。

益處與結果
雖然創造力需要多次反覆的規畫才能產生，但好的流程有助於留下想法，激發團隊活力。

個人化故事
曾有核能科學家團隊赴納斯卡賽車進行幕後研究，了解賽車與核電站檢修的相似之處。對我而言，撰寫想法日誌是創造空間來醞釀想法的實用方法。

在模稜兩可中找到方向

改變現狀
從因為不知道所有答案而無法行動，轉為接受永遠不可能知道所有答案。

改變做法
不再懼怕去選擇某條路。了解你最終抵達之處，可能與起始處大不相同。

益處與結果
消除模稜兩可的狀況有助於你面對現實、做出困難的決定，並對新方法保有彈性。

個人化故事
傑克‧威爾許教了我打滾（wallowing）的重要性。他在節奏快速的新聞環境中待了很多年，他教我如何認識想法和人。

勇於冒險

改變現狀
從害怕發起想法，轉為爭取更好的方法。發起者不受歡迎，但對於創造力流程卻非常重要。

改變做法
從「低能見度」轉為不知答案也繼續前進。想法需要支持者才能付諸實現，因此主管的接受很重要。

益處與結果
不投入就容易後悔錯失機會。快速失敗時，失敗範圍不會太大。

個人化故事
我需要克服有所保留的心態。回顧那些自知可以增進價值卻遲疑不前的時候，常後悔錯失機會。現在我對自己說：「你不想錯過這次機會，好好把握。」

發展新世界的技能

改變現狀

從恐懼科技,轉為看出網路世界的價值來自於你與誰有連結。

改變做法

從能掌控一切的幻象,轉為邀請他人加入你。網絡上客戶的應證,可能是你最佳的銷售利器。

益處與結果

轉變你的影響範圍,並把網路變成可預測未來行動、需求與解決方案的資產。

個人化故事

從美國前總統歐巴馬的競選活動了解分散的人際網絡力量,這是對政治改革充滿熱情的一群人。他們被允許使用關鍵工具、訊息及自由運用它們。

團隊賦權

改變現狀

從獨自一人轉為建立合作夥伴關係。多樣觀點的團隊能創造多元的解決方案。

改變做法

從恐懼批評轉為承認緊繃的狀態是創意流程中的重要部分。給予批評者發言空間,他們將成為擁護者。

益處與結果

合作夥伴關係有助於分擔風險、填補能力落差,以及專注專業。

個人化故事

我以前相信一切都得自己來,從來不曾尋求協助。後來我學到可以邀請他人加入,承認自己需要幫忙並沒有錯。人們樂於幫忙,成就比自己更偉大的事。

釋放熱情

改變現狀

從缺乏熱情轉為鼓勵你與他人的熱情。缺乏熱情想法會停滯不前,所以請以熱情開始,以熱情結束。

改變做法

從個人熱情,轉為共享熱情並融入同理心。熱情能創造能量,以推動專案前進並滿足需求。

益處與結果

你會創造出一種源源不絕的能量,足以激發他人的動力與投入。

個人化故事

我了解有時自己的熱情會嚇到人,尤其是介於激進邊緣的熱情。我必須讓想法萌芽,然後鼓勵其他人加入,把這些想法變為他們的想法。

共鳴法則

4

除非到了不得不做出改變的時候，
否則每位觀眾都會維持不變。

第 5 章

創造有意義的內容

天馬行空的發想

　　現在到了蒐集和創建訊息的時候了。在最初階段時，務必克制坐下來操作簡報軟體的誘惑。現在還不是用那個東西的時候。

　　本章將介紹各種激發想法的技巧。第一個產生且最明顯的想法，往往不是最好的想法。請持續圍繞著主題發想，直到竭盡所有的可能性。真正具巧思的想法，通常會在過程中的第三輪或第四輪出現。

　　這裡使用的是「發散式思考」（divergent thinking），一種讓創意發想法得以朝任何可能方向發展的思維過程。這是一個混亂的階段，所以先放下有條不紊的念頭，讓自己保持無結構的狀態，一邊探求新想法，一邊挖掘現有想法。

盡其所能的發想

　　擴大可能的範圍，往往會帶來意想不到的結果。請探索各種可能的方式，暫時放下批判的心態。你可以從二方向著手：

* **蒐集想法**：雖然蒐集同事的簡報就不必從零開始，但這不是唯一的訊息形式。照本宣科別人的投影片，不是跟觀眾建立連結的好方法。你可以蒐集一些隨時可用的想法，但更重要的是，要刻意從各種相關資源尋求靈感。

　　採礦者在淘金時，會挖起整盆泥沙晃動，好讓較重且具價值的黃金沉到底部，畢竟掏金時無法事先知道哪處泥沙藏有金子。所以，在集思廣益的階段，你要到處挖「泥」。你可以看產業研究、競爭者觀點、新聞報導、合

作夥伴計畫、調查報告等。蒐集訊息的範圍要既深又廣。盡可能多蒐集競爭對手的訊息，好讓自己跟他們有不同的定位。去找有關該主題的所有內容，甚至涉獵不直接相關的主題，以獲取更多想法。

- **創造想法**：創造新想法與挖掘現有想法，是截然不同的過程。這是你需要憑感覺，以直覺思考的部分。保持好奇、勇於冒險、堅持下去，讓直覺引領自己。從創意面激發出過去沒有的想法，或是不曾與你的核心想法產生關聯的想法。要了解一點，探索所有的可能性時，你的想法可能會以模糊的形式存在，因為你無法清楚看見未來。請以開放的心態面對，一種探索未知的心態，你正試驗、冒險、夢想，並創造新的可能。

請拿出一張紙或一疊便利貼，記下所有你能想像得到、所有支援你想法的點子。這裡的目標是發想大量的想法。接下來會引導你增加更多的想法。先不用擔心，稍後你將對這些想法進行過濾、綜合、分類，打造出具意義的整體內容。

盡可能多蒐集想法並加以組織。便利貼不但方便記錄，還能視需要重新安排順序。

蒐集到事實還不夠

開始蒐集並創建內容後，你發想的首批內容可能主要為相關事實。事實只是蒐集的類型之一，但並非打造成功簡報所需的唯一。你必須在分析型與情感型內容之間取得平衡。是的，情感型內容。你可能對這個步驟感到不自在，但這卻是個重要環節。

亞里斯多德曾說，想說服別人要運用三種類型的論點：道德訴求、情感訴求、邏輯訴求。事實本身並不足以說服人。在可信度與觸動人心的內容之間取得適當的平衡，才能相得益彰。

在長達一小時的簡報中逐一陳述事實，不會讓觀眾理解這些事實有什麼重要。運用情感做為強調事實的工具，才能襯托出事實。如果你不這麼做，觀眾就得費力確認自己需要做出的決定。平舖直敘、只講事實，或許在科學報告行得

通，但對於說服型內容的口語表達則完全無效。

道德訴求
以共有的價值與經驗跟觀眾建立連結。打造分析與情感訴求之間良好的平衡，這可以提升你的可信度。觀眾會覺得跟你有所連結，並尊重你的想法。

邏輯訴求
發展出一個結構，來保持簡報的完整並賦予其意義。提出聲明，接著提供支持該聲明的證據。所有的簡報都必須用到邏輯訴求。

情感訴求
藉由訴諸觀眾痛苦或快樂的情緒，來刺激他們的感受。當觀眾感受到這些情感時，他們會把理性拋在腦後。人們會根據情感做出重大決定。

「人心自有其道理，非理性能理解。」

法國哲學家布萊茲·巴斯卡（Blaise Pascal）

別那麼理性！

　　人慣用頭腦構思內容。企業機構往往也鼓勵並獎賞把大部分時間用於分析區域（頭腦）的員工，因此多數人傾向避開情感區域（心、腸道與鼠蹊部）。然而，這些偏向情感層面的區域會產生直覺、假設和熱情，而核心訊息需要這些東西。（右圖）

　　無論你天生溝通的傾向為何，你都需要學習其他區域的技巧，好吸引更廣泛的觀眾群。如果你傾向單從分析區域說話，請往下移一些。許多決定都出自情感層面。事實上，你的下一位投資者就可能聽從內心的想法做出財務決定。但如果你只從情感區域進行溝通，分析型的觀眾可能因證據不足而無法完全相信你，造成可信度受損。

　　用全部的自己，兼具分析與情感二者來創建簡報會怎樣呢？

　　偏下方區域所產生的想法往往更創新、大膽、風險較高，但也更有趣。先放下試算表和矩陣圖，想像一下可能的結果。引導你的下方區域創意發想，進入更刺激的冒險。去想像未知的事物，不要覺得這樣很蠢。在探索過各種尚未熟悉的可能性後，再用頭腦去分析它們。刻意在頭腦和腸道（直覺）之間來回轉換，確認自己運用了整合思考（integrative thinking）模式。

> 「情感和信仰是主人，理性為其僕人。忽略情感，理性就靜止不動，
> 激發情感，理性立刻趕來相助。」
>
> 　　　　　　　　　　　　作家亨利‧伯丁格（Henry M. Boettinger）

理科系寫作教授蘭迪・歐爾森（Randy Olson）的四大溝通器官：

分析型訴求
第一種　頭腦
頭腦是大腦型天才的發源地，特色是大量的邏輯和分析。當你試著用理性說服自己不要做某事時，一切都在腦中發生。腦中的想法較理性、考慮較周密，因此矛盾較少。分析型人士所遵循原則就是「行動前先思考」。

情感型訴求

自發性與直覺源於這些下部器官，與腦部行動截然相反。雖然它們帶有高度的風險（因為未經深思熟慮），但也讓神奇事物有發生的可能性。

第二種　心
心是熱情之士的發源地。受內心驅使的人比較情緒化，重視自身感受、易於感傷、易受情節劇牽動、容易為愛受傷。誠摯源自於「心」。

第三種　腸道
腸道是幽默與直覺的發源地[1]。腸道離頭腦很遠，因此較不理性。受腸道驅使的人較衝動、自發性強且容易產生矛盾。腸道（直覺）類型的人會說：「做就對了！」源於此處的東西尚未經分析處理。

第四種　鼠蹊部
鼠蹊部是人體結構的最下層。無數男性和女性出於激情冒險而摧毀了人生的一切。這部分沒有邏輯可言。該區域與邏輯遙遙相對，但其力量強大，有著舉世皆然的活力。

---

1. 英文中gut feeling「腸道感覺」一詞，意指「直覺」。

對比創造了簡報輪廓

　　人天生容易被對立的事物吸引，簡報應利用這種吸引力來創造趣味。**傳達想法及其相反立場可以創造能量，在相對的二極之間轉換更能讓觀眾全神貫注。**

　　抱持強烈且清楚的立場，可以讓他人有機會提出強而有力的相反立場、創造出對比。針對你提出的每一個聲明，觀眾席中很可能有人持完全相反的立場。當然，你相信自己的觀點是正確的，但簡報室中的其他人可能持不同意見。

　　「現況」與「願景」之間的差距，是藉由「創造對比」產生的。大多數講者會立即描述今天（或歷史上）的世界看起來如何，以及明天的世界將會如何。這是最明顯的一種對比。另一種對比是：「顧客沒有你的產品是怎樣」以及「擁有你的產品會怎樣」。「世界從另一種觀點看來是如何」以及「世界從你的觀點看來是如何」也是一種對比。基本上，這種差距是「觀眾現況」以及「觀眾得知你觀點後的願景」之間任何可能的對比。

　　表達一種與其相對的觀點，不僅內容完整，而且簡報會更有意思，我的證據如下：

　　《美國社會學期刊》（*American Journal of Sociology*）1986年一篇文章中，心理學教授約翰・赫蒂奇（John Heritage）和社會學教授大衛・葛雷巴區（David Greatbatch）分析了476個英國政治演說，研究掌聲出現前講者所講的內容。他們想知道，為什麼有的演講觀眾一片死寂，有的演講觀眾鼓掌每分鐘接近兩次。是什麼吸引觀眾，觸發他們拍手的身體反應？研究超過一萬九千個

句子後，他們發現超過半數的掌聲都起因於演講中提到某種形式的對比。「對比」讓觀眾產生反應的作用十分明顯。

下表的練習可以幫助你拓展自己的觀點，創造思考空間且表達觀眾的其他信念。迎戰他們的觀點能增加可信度，你甚至會聽到反對者說：「哇，他設想得真周到。」

創造對比的方法

審視到目前為止你發想的所有想法，這些想法都有相應的對比想法，也就是每個觀點都有高明的相佐見解。研究它們很重要，你或許不會用到，但做為準備的一部分，你應該去了解它們是什麼。

左邊的對比列表可以做為你的跳板。你多數的想法不是落在左欄，要不就在右欄。請你看一下列表中的各點，接著去發想尚未考慮到的新想法。請為你想到的每個觀點，都創造一些相反的想法。每一欄都要練習，接著以相反的順序重複這流程（左↔右），如此一來你可能會產生更多的想法。完成練習後，你應該有一張內容不錯且數量相當可觀的對比觀點。

現況	願景
另一種觀點	你的觀點
過去或現在	未來
壞處	益處
問題	解決方案
阻礙	清除障礙
阻力	行動
不可能	可能
需求	滿足
缺點	優點（機會）
資訊	觀點
平常	特別
問題	答案

平凡與崇高的對比能讓觀眾轉向「願景」。這些主題想法是在簡報格式中創造出高低起伏的要素。

把想法轉化為意義

到目前為止，你已發想、蒐集了各種想法。現在，你要賦予這些想法意義。故事的結構和含義可以把靜態且平淡的訊息變得動態又生動。故事能把訊息重塑為意義。大腦會處理訊息，並且連結意義。這個賦予意義的心理歷程協助我們分類訊息、做出決定並判斷事物的價值。人們會根據關係與事物附加的意義，來賦予價值。

試著以主題、產品或理念的特色與規格來說服別人是沒有意義的，除非你把「人」加進來。以醫療器材來說，設計可能很精美、合金材很堅固，但為它創造意義的屬性是「救人」。有沒有什麼故事可以描述這器材怎麼救人，或節省醫生多少時間？當產品的功能對人類產生影響時才有價值，這就是意義所在。

「故事是人類關係的貨幣。」

勞勃 · 麥基（Robert McKee）

故事可以幫助觀眾把你在做的事或信念視覺化。故事可以使人心變柔軟。以故事的形式來分享經驗，能創造出共有的經驗與內心的連結。

接下來將聚焦如何讓訊息更有意義，並讓觀眾更容易接受你傳達的想法。

你車庫裡一定有些捨不得丟的物品。對你來說很珍貴，但對其他人來說卻一點意義也沒有。我也有那種東西。

我祖母過世的時候，他房子裡幾乎沒什麼有價值的東西。他是位

「回顧自身與他人的經歷，是專注
力的寶貴禮物，這些禮物不斷帶來
賦予意義與創造意義的時刻。」
美國作家暨組織發展顧問泰倫斯．
加吉羅（Terrence Gargiulo）

聰明、機智的女士。他的詩還曾經獲獎。他在一處果園中的小房子裡
過著簡單的生活。到了要平分他所有物的可怕任務時，我知道自己想
要什麼：一個沾有汙漬的小茶杯。這個看似毫無價值的小東西在二手
拍賣也值不了什麼錢，但對我來說卻很寶貴。不是因為茶杯的做工或
設計，而是因為我們過去使用茶杯的方式和時間。我探訪祖母時，一
待好幾個小時。我會邊聽他講故事，邊用那個杯子喝東西。那個茶杯
轉售的價值微乎其微，但對我卻是無價之寶。

　　一個人的所有物、甚至是生命的價值，並
非來自於它實質的價值，它「真正」的價值來
自於與另一個人相關的意義。

回憶你的故事

大多數精采的簡報會利用講者親身經歷的故事。你在創造內容時，一定有些部分是你想讓觀眾感受到某種情感。回想自己曾產生相同情感的時刻，會讓你以可信且真摯的方式與觀眾產生連結。建立一個關於情感的故事分類，會成為很有用的資源。

我們回憶故事的直覺是按時間回顧生活的歷程。你可以逐年回憶或以數年為一個階段來看，如童年早期、小學、國中、高中、大學、職場、育兒、祖父母時期、退休時期等。

不過，按時間順序回憶只是其中一種方法。打破時間順序可以幫助你回憶起更深層、甚至是遺忘的故事。你可改以回想某人、某地或某事物。在探索這些人事物時，簡單勾勒出自己看到的畫面，並盡量寫下心中激起的回憶與情感。

- **人**：藉由聯絡人名單來喚起人際關係的回憶。首先畫出顯示家族關係的族譜圖，接著根據他們之間互相交流的方式或情況，在關係線外畫出連結和關聯。另外，列出影響你的其他人，以及你所觀察到的關係，如老師／學生、老闆／同事、朋友／敵人。這類權力的動態關係是很有意思的故事。去思考你對每個人的關係動態與對他們的感受。

- **地點**：仔細想想你花時間待的空間：你的房子、院子、辦公室、社區、教堂、運動設施、度假場所，任何地點，甚至虛擬空間也算在內。運用你對

這些地點的記憶，轉化為空間回憶。在心中從一個房間想到另一個房間，盡可能畫下所有能記住的細節。你將「看到」自己遺忘的事物。視覺上從某空間移動到另一空間將使你想起某些場景，甚至是長久忽略的氣味和聲響。以繪圖來畫出回憶，會讓你用到不同的身體部位與腦部，甚至想起更多回憶。

- **事物**：試著去分類你生活中擁有且認為有價值的物品。這些東西不必然是昂貴的物品，可能是在情感上有重大意義。它們為什麼對你如此珍貴？你很愛那台老爺車，是不是因為初吻發生在這台車上？你很愛那隻泰迪熊，是因為在割扁桃腺的期間它安撫了你？這些物品對你很重要，背後的故事是什麼？畫出這些物品，以及通常出現地點的種種細節。這樣可以喚起更多的情感和回憶。

畫出這些回憶是分類且保存故事的好方法。如果你不太喜歡畫畫，請找一些圖像來代表這些故事。創造出某些觸發視覺的圖像，並盡可能記下所有的回憶，尤其是故事發生時心中的感受。往後你每次需要堅定說出自己的故事時，就可以參考這個故事集。

我在創意上遇到瓶頸的時，會在書寫和視覺化之間來回轉換。這個過程可以引發新想法、隱喻或視覺說明。

我曾經在某次簡報時，需要一個故事來說明在壓力下如何保持鎮定。我想從童年的真實回憶汲取靈感。我並未按時間順序回想我的青春歲月，而是畫出童年時期的房子平面圖，藉此激發視覺回憶。我的大腦重遊每個房間，回想起那些休眠中的記憶，例如我走失的烏龜、

地下室的舞台製作，以及其他生動的回憶。

最重要的是，從中我找到了需要的故事。畫二樓的平面圖時，我想到關於四歲大妹妹諾瑪的回憶，就在畫出某個壁櫥門時突然湧向我。他當時不小心把自己鎖在了壁櫥裡，那個鎖是二十世紀早期的製品，位於壁櫥內部。要打開門需要兩道困難的程序：轉動轉盤、接著移動手柄，才能打開壁櫥門。我記得自己當時茫然無助，在壁櫥外抓著門，而妹妹在裡面高聲尖叫。我的祖父嘟囔著要去找把斧頭來，

然後就跑走了。我腦海閃過可怕的混亂畫面，覺得必須做些什麼才行。我想辦法讓諾瑪安靜下來，向他解釋接下來的兩種選擇：讓爺爺把門劈開，或者冷靜下來聽我的指示。後來他聽從我的指示，踮起腳尖，小心轉動了旋扭、按下開關，在爺爺跑回房間的同時從壁櫥脫困。我知道他做得到，但一定要保持鎮定、有堅定的決心才行。這個故事完美的派上用場！

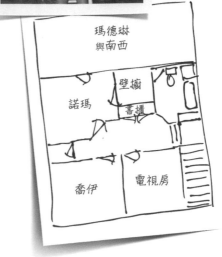

把訊息轉化為故事

　　故事透過賦予意義來強化簡報的內容。故事、類比、隱喻運用得當，將有助於創造意義，同時能刺激感官。故事可以是短短一句話，也可以是貫穿整個簡報的主題。故事很容易被複述。把訊息轉為故事的形式，會讓訊息充滿情感，並且容易消化。

簡短故事模版

開頭

時間	過渡語（transition）	人與事	地點
· 從前	· 有一個	· 經理	· 是行銷部門的
· 1993 年時	· 我聽說	· 某人（名字）	· 在新加坡
· 二個月前	· 我買了	· 一台電腦	· 在 ebay 上
· 很多年前	· 我看到	· 一輛車	· 在車庫裡
· 十年內	· 將會有	· 一個事件	· 在某處發生

中段

情境	衝突	提出的解決方式	複雜性
			（非必要但很有效）
· 當時	· 我們起了衝突	· 所以……	· 有什麼風險？
· 發生了這件事	· 我們知道不能再繼續下去	· 我們試了這個	· 你擔心嗎？
	· 結果讓人無法接受		· 如果失敗怎麼辦？

結尾

實際的結果	訊息重點
· 最後……	· 這件事的教訓或核心訊息是什麼？
（不一定是正面的）	

以下是「英雄之旅」簡化的模板。你可以依照接受的程度，加入細節與描述用語，但需保持良好的基本結構。你可以思考哪種訊息用來說明自己的觀點最適合，然後把其中一些訊息轉換為故事形式。以下是這套模板如何把訊息轉化為故事的範例。

你想傳達的重點		組織變革的故事	顧客感興趣的故事
開頭		每個跨部門職位都可以從指導委員會獲益。	中型公司購買這套軟體可以省錢
中段	時間、人物、地點	幾年前，銷售團隊曾處理過類似問題，可以說明我所說的跨部門議題。	去年我跟蘇珊碰了面。他在一間跟你很相似的公司擔任執行長。
	情境	當時，所有的銷售小組都是獨立的。	他非常聰明，也跟你一樣好奇我們的軟體是否能協助他的業務。
	衝突	這代表公司有太多不同的規則、流程和格式，造成顧客的混亂。	他知道軟體如果不能全球運作，組織就難以擴展。
	提出的解決方案	所以我們決定創立銷售指導委員會。	我們為他在達拉斯辦公室的員工安裝了試用版。
	複雜化	你可以想像要達成任何協議有多困難。	他擔心員工在學習新程式時生產力會降低。
結尾	實際結果	我們同意每二週開一次會來討論共同點。隔年我們把所有流程標準化，也互相學習到很多事。顧客對服務更滿意了。	相反地，員工生產力提高了。蘇珊收到了好幾封郵件表示該軟體幫助他們取得市場優勢。 他一週內就同意在整個組織安裝該軟體。
訊息重點		我認為每個跨部門工作都會因指導委員會獲益。	你的公司面臨相同的挑戰，也將因這套軟體受益。

漢斯・羅斯林（Hans Rosling）2006 年的 TED 演講是把數據轉化為意義的代表。WWW 他在 X 軸上呈現女性生育率，在 Y 軸上呈現預期壽命。透過動畫處理一段時間的資訊變化，將新見解展現在大家眼前。圓圈聚集處從 1962 年在畫面的右下角——當時的趨勢是壽命短與大家庭——到了 2003 年轉變為嶄新的世界——長壽與小家庭成為常態。

漢斯・羅斯林國際衛生學教授

> ### 案例研究
> # 思科系統——啤酒花的故事

除非你了解人類如何運用科技並從中受益，否則科技沒有任何意義。這往往是展示科技的一大難題。人們誤把重點放在物品及功能上，而非如何協助使用者。

請先看下一頁思科產品原本的投影片與配合投影片的文稿。雖然這張投影

片看似有描述關於人性的部分，實際上不過是一長串功能列表而已。

投影片上的描述十分準確且簡潔，但缺乏魅力或特色，只回答了「什麼」和「如何」等問題，但完全忽略「為什麼」。換句話說，科技能做到許多事，但我們需要賦予觀眾在乎此項科技的理由。

你在乎的理由得從故事開始。描繪出一個畫面，提供觀眾能建立關連的人性因素，告訴他們「為什麼」要這麼做。在吸引他們之後，你才能拉開布幕，展示該科技如何運作。如果你不先表演令人驚嘆的魔術，卻直接說明魔術的原理，觀眾將失去興趣。

接著我們把故事套入原先的簡報（右上排），轉化為描述思科的技術如何協助小商家在業務管理上變得更靈活聰明。如果你公司的口號是「人際網路」，那麼告訴人們如何從人際網路中獲益就很重要。把這點融入有真實角色的故事就更好了。

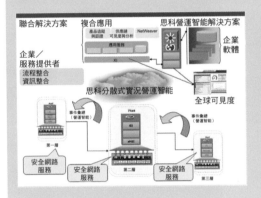

原先的投影片

原始的文稿

「這是整合通訊在製造上展現強大功能的例子。

團隊可以透過思科的 IP 觸控螢幕電話或他們手機上的使用者界面進入會議。

如果有共享文件的需求時，會議可以輕鬆由簡單的語音會議轉換為網路會議，如果有查看影像內容的需求（例如查看有問題的機械實況），則可輕鬆轉換為視訊會議來解決問題。」

轉化為故事結構

早一點介紹你的英雄，讓觀眾
有機會支持他。

清楚地設計衝突，先不要透露
英雄如何克服難題，這是謎題
的一部分。

向觀眾提供更多關於該挑戰的
訊息，這通常來自出乎意料的
來源或新角色。

啤酒花的故事

戴夫是一家大型啤酒廠的總
裁。該公司贏得區域型啤酒競
賽的次數比任何啤酒廠都多，
而且戴夫非常希望再次獲獎。
他很有信心屢獲殊榮的配方將
使公司再次獲勝。

不幸的是，他正為競賽釀造全
新一批啤酒時，發現自己的祕
方——他的得獎啤酒花——尚
未抵達。

此時，戴夫的供應鏈經理收到
了通知訊息，啤酒花的運送因
海關延遲了。網路偵測到該消
息，於是發送訊息到戴夫的釀
酒公司，戴夫的供應鏈經理收
到警示的簡訊。

轉化為故事結構

發展出複雜化的故事情節。沒有什麼比情況變得緊急更吸引人了。

透露解決方案，但要確保這不是能輕鬆解決的事。這個繼發的挑戰讓英雄的情況變得更為緊急，並讓觀眾保持緊張。

把故事帶到緊要關頭，陳述所有角色面臨的狀況。
故事進入高潮時，請記得最初的前提，以喚回觀眾的記憶。

現在戴夫的問題大了。他的啤酒花尚未抵達，也不清楚會在海關扣留多久。他需要在啤酒競賽推出新釀的啤酒，因為他希望媒體報導能讓這款酒成為今年的暢銷商品。而且，他為了準備這場活動停止了很大一部分的公司運作，所以如果沒有趕上這次活動，公司營收將遭受損失。

可能的解決方案如下：在國內的另一邊，有位種植相同品種的啤酒花供應商大豐收，需要在這些作物壞掉之前賣掉。戴夫接下來會發生什麼事呢？他能保住公司的頭銜嗎？競賽的主辦者能聚集想要的人潮嗎？這位啤酒花供應商能找到他的顧客嗎？我們將在精采的結論為你揭曉……

我們上面提到英雄處境不太好。幸虧，運送的啤酒花卡在海關時，戴夫和他的團隊有接到通知。

故事懸念：故事講到這裡的時候，你可以先停下來解釋這項科技是怎麼運作的。觀眾此時處在一個焦急的狀態，想知道主角接下來會怎樣，而你在此時提供解決方案的背景。這麼做有兩個目的：你提供觀眾故事角色中所沒有的資訊，另外你也提供必須分享的剛性數據（hard data）。

對於多角色或多重危機的故事而言，按部就班的方式會讓最終的解決方案變得簡單且可信。

循序說到解決方案，讓觀眾看到克服挑戰的漸進步驟。接著創造故事高潮，解決所有的故事懸念，只剩下最後一個，也就是最初的挑戰。

讓解決方式成為最後的行動，這個場景把英雄提升到另一個層次。

生產經理按照新配方確認到底缺了什麼原料，然後透過安全網絡連線確認其他主要供應商是否有材料來源。

他找到替代的啤酒花供應商，表明所需的數量，查證品種是否正確，接著下訂單。

種植者的銷售負責人收到訂單，找到聯繫的生產主管，然後按下按鈕與他聯繫──透過多種裝置，向他確認自己可以立即運送啤酒花。國內供應商與戴夫確認運送日期，戴夫終於可以參加比賽……

當然，他再次贏得比賽。

把數據變得有意義

　　只要不要喋喋不休的談數據，數字也可能很吸引人。《讓數據看得見》（*Now You See It*）一書作者史蒂芬‧弗（Stephen Few）指出，「身為定量商業資訊提供者，我們的責任不僅是篩選數據並傳遞，而是要協助讀者獲取數據所隱含的見解。我們必須設計這些訊息，引領讀者踏上發現之旅，確保清楚看到並理解重點。數字都有重要的故事要說。這仰賴你賦予清楚且有說服力的聲音。」

　　數字本身難以為自己發聲。十億有多大？這個數字相較於其他數字代表什麼？是什麼原因讓這個數字變大或變小？你可以把數字留給人們自行解釋，也可以配合敘述來解釋數字的起伏、異常和趨勢。

　　解釋數字的敘述方式有以下幾種：

- **規模**：現今人們常不經意的丟出極大和極小的數字。請跟我們熟悉的大小事物相互對比，藉以解釋它的規模。

　　2008年水夥伴組織（WaterPartner.org）的動畫中說：「今年將有1名白人女孩在阿魯巴島（Aruba）被綁架，4人將因鯊魚攻擊喪生，79人將死於禽流感，965人將死於飛機失事，14,600人將死於武裝衝突，但有500萬人將死於與水相關的疾病。這等同於每個月發生2次海嘯，或者每天發生5次卡崔娜颶風，或者每4小時發生一次911世貿中心恐攻[2]。請問頭條新聞在哪裡？我們的憤怒在哪裡？我們人性在哪裡？」$\overline{\underline{www}}$

- **比較**：有些數字聽起來可大或可小，除非把數字跟不同脈絡中相似價值的

數字進行比較，才有脈絡可循。

英特爾前執行長保羅·歐德寧（Paul Otellini）在2010年的消費電子展（CES）簡報中這麼說：「今天，我們擁有業界首次推出的32奈米處理器。32奈米微處理器速度快了5,000倍；電晶體比我們最初的4004處理器便宜了10萬倍。恕我直言，如果汽車業的朋友們生產的產品也有這樣創新的技術，那麼今天的汽車行駛時速將達到47萬哩。每加侖的汽油可以行駛10萬哩，而且花費只要3美分。我們相信技術的進步正帶領我們進入電腦的新時代。」

• **脈絡**：圖表中的數字可能上下起伏或變大變小。請解釋造成變化的環境與策略因素，以賦予數字意義。

杜爾特設計創辦人馬克·杜爾特的願景簡報：在提出2010年的願景時，馬克展示了一張圖表，說明該組織自二十年前創立以來，每五年經歷一次的四項大膽策略行動。他解釋每五年的策略跨度如何形成企業價值。接著，他以公司歷史上同樣五年區間的收益增長趨勢，說明杜爾特公司如何度過每次經濟風暴，強調每次策略增長對公司的成長與機會。這使觀眾能毫無阻礙地理解為什麼值得支持下一個五年計畫。

說出數字中隱含的話，將有助於其他人看到數字的意義。

---

2. 卡崔娜颶風（Katrina）是美國百年來東南部灣區最強的颶風之一，2005年肆虐美國東南部五大洲，造成近810億的財產損失，千餘名罹難者。911恐怖攻擊事件則是發生在美國本土、由蓋達組織發起的自殺式恐怖襲擊，事件中死亡或失蹤的總人數至少有2,996人。

殺死你的寶貝

在累積了所有可能的分析型與情感型內容後，現在是縮小範圍的時候了。許多想法都很獨特，揭露時也令人著迷。但你無法全部都採用，也沒人想全部都聽。**你需要過濾自己的想法，讓它們簡潔有力地支持你的核心想法。**

之前用了發散式思考引導你產生想法。你不但蒐集了事實（分析）型和情感型的內容，也考慮了對比的觀點。現在是進行聚斂式思考（convergent thinking）的時候了。1967年心理學家吉爾福特（J. P. Guilford）曾指出，發散式與聚斂式思考是回應問題的兩種不同思維模式。發散式思考能產生想法，而聚斂式思考能分類並分析這些想法，以達成最佳結果。因此希望你發想的所有想法，都能成為優秀的創意選擇，讓你得以從中篩選。

提姆·布朗（Tim Brown）在《設計思考改造世界》（*Change by Design*）一書中指出：「聚斂式思考是在現有選擇中做決定的實用方式。你可以把它想成一個漏斗，喇叭型的開口代表了最初廣泛的可能性，而窄小的漏嘴代表了聚斂縮小的解決方案。」

「在發散階段，新選擇會一直出現。聚斂階段的情況剛好相反，這是消除多種選項，做出選擇的時候了。放棄某個潛力十足的想法可能讓人痛苦。」

IDEO設計執行長提姆·布朗

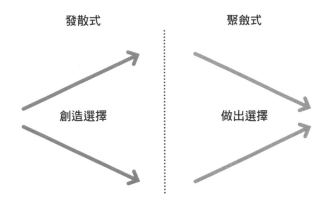

發散式　　　　　聚斂式

創造選擇　　　　做出選擇

　　儘管你可能覺得自己發想的所有想法和見解都十分有趣，而且當初也花了很多時間才想出來，但你仍然需要分類、組織，並殺掉一些想法。殺掉？沒錯。最好的過濾器就是你的核心想法。重新審視你的想法，然後刪掉手邊所有無法明確支持核心想法的素材。

　　建構想法、摧毀想法、對其分類再分類、選擇、重新考慮並修改想法，這是個激烈的創造過程。反覆運用發散與聚斂式思考，直到你擁有最突出的內容來支持核心想法。

　　當你覺得已確立自己的觀點，並過濾了所有想法時，請翻回第135頁確認你保留了充足的有趣對比。請別讓對比在審查過程中慘遭刪減。

　　過濾非常重要。如果你不過濾簡報內容，觀眾將產生負面反應，因為他們要非常費力才能辨別最重要的資訊。觀眾聽的同時在心中判斷，哪些是有趣的資訊，哪些又是多餘的資訊。在當前的社群媒體環境下，他們有平台可以公開地讓人們知道他們對簡報的感受，而這些意見可能殘酷又誠實。因此，如果不花時間準備簡報，觀眾在受挫之餘，可能會很有創造力地把他們的想法分享給

成千上萬的社群網路追蹤者。為觀眾編輯你的簡報，他們不想聽全部的資訊。嚴格把關、刪減簡報內容是你的職責。即使你很愛某些想法，為了讓簡報更好，要有所取捨。

　　觀眾心裡尖叫的是「說清楚」，而不是「塞給我更多訊息」。你通常不會聽到觀眾說：「你的簡報如果再長一點會更好。」在捨棄與傳達訊息之間取得平衡，是傑出的講者與眾不同的原因。簡報的品質不但取決於你選擇納入的訊息，也取決於你選擇刪除的內容。

> 「你有衝動想寫出嘔心瀝血的精采作品時，就全心全意地聽從自己的想法，然後在寄發稿件給出版社前刪除它。殺了你的寶貝。」
> 英國作家奎勒‧庫奇（Arthur Quiller-Couch）

從想法到訊息

編輯內容後，接下來你需要按主題分類，把主題轉變為各別的訊息。拿一張新的紙或一疊便利貼，寫下大約三個支持你核心訊息的主題，然後把它們攤開，給自己一些時間考慮。在完成所有研究之後，你的重點應該是簡報的優先選項，但如果你還在苦思如何把數量降到五個以內，那麼你可能需要進行一些內心協商，再殺掉一二個寶貝。

每個主題盡可能不要重疊。請確認你沒有忽略任何與核心訊息相關的事。麥肯錫（McKinsey）顧問公司有一個稱為MECE（相互獨立、完全窮盡）的思維方法：

- **相互獨立（Mutually Exclusive）**：每個想法都應該相互獨立，不與其他想法重疊，否則觀眾將感到混淆。（咦？剛剛不是已經談過了嗎？）

- **完全窮盡（Collectively Exhaustive）**：不要漏掉任何東西。如果你打算談競爭對手，那麼請不要故弄玄虛地遺漏某個競爭對手，觀眾會希望你的內容完整。

在確定重點主題後，列出三至五項關於各主題的支持型（次要）想法。以下是某員工會議布達收購事件的簡報範例。

你最初產生的主題通常是某字詞或某句子片段。正如核心訊息不應該只是個主題，這一個個的小想法也應該被轉化為訊息。訊息應該是充滿情感的完整句子。主題是中性的，而訊息則是帶著感情。

現在，你已圍繞著主題創造了想法群，接下來，你要針對每個想法群，把主題轉化為關鍵訊息。每個訊息盡可能帶有對比，才能有效傳達觀點。

在下方的收購範例中，第一次收購失敗了。他們不應該在沒有討論第一次

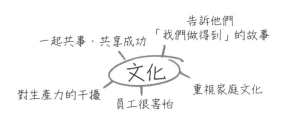

失敗（現況）的情況下，就直接開始討論新的收購案（願景）。新收購的訊息必須納入先前失敗得到的教訓，否則觀眾會覺得這次收購也將失敗。

把主題變為訊息，能確保內容支持一個核心想法，而且每個訊息都帶有情感成分。在下一章中，你將學到如何安排並組織這些訊息。

以下是把上一頁的主題改為訊息的範例

主題	訊息
市場	我們有一個虎視眈眈的競爭對手在分食市占率。
收購	這次的收購會很成功，因為我們有運用上次收購得到的教訓。
營運	營運部門將付出最大的代價，所以我們大家一起支持他們。
文化	我們的企業文化很寶貴，而且將藉由這次歷史性的改變更加強化。

核心訊息是所有支持型想法衍生的源頭，也是用來分類所有想法的過濾器，過濾到只留下最適合的那些想法。大多數的簡報問題都出在想法太多，而非太少。

雖然你可能不遺餘力的探索數百種可能性，但請不要全數傳達出來，鎖定最強而有力的想法就好。請牢牢把握你需要傳達的核心訊息，並持續不懈的打造支持該想法的內容。

共鳴法則

5

利用核心訊息來過濾掉
共鳴頻率以外的所有頻率。

第 6 章

用結構影響簡報

以觀眾的邏輯建立結構

你已經創造了最有意義的訊息，接下來如何安排這些訊息形成最大效果？你要刻意並有邏輯的給予結構，札實的結構是連貫簡報的基石。結構顯示了各部分與全體之間的關係，就像火車的連結器或珍珠項鍊的鍊繩，按順序連接每個部件，讓內容物在結構下整齊相連。沒有結構，想法容易被遺忘。

> 「把一堆未經架構的訊息倒在觀眾身上不是明智的做法。他們的反應就像你拆解一支手錶，把零件丟給他們說：『這是拼出一支手錶所需的所有部件。』你可能會因為所做的研究和付出的精力獲得肯定，但這是低級的安慰獎。你這麼做的同時，就是承認不知道如何處理挖掘到的所有東西。觀眾期望的是結構。」
>
> 亨利‧伯丁格（Henry M. Boettinger）

大多數的簡報軟體都是線性的，並且鼓勵使用者按順序創建投影片。投影片一張接著一張，自然導致使用者不得不專注在個別的細節上，而非整體的結構。為了幫助觀眾「看見」結構，請脫離簡報軟體的線性格式，並創造一個讓自己能在空間層次上檢視簡報內容的環境。

有幾個方法能做到這點。你可以用便利貼、把投影片貼在牆上或把它們擺放在地上。任何能將內容從線性簡報軟體拉出來的方法都可以。脫離創建投影片的環境，能幫你確認漏洞在哪裡，並專注在更大的整體上。這麼做有助於從簡報成串的細小部件，轉移到單一的核心訊息上。

對內容進行集群分析（clustering）有助於在視覺上評估該給每個各別內容多少比例，以及仍需多少支持論點來傳達你的訊息。請以這個方法來確認、強調正確的內容，並為每個訊息分配適當的時間。

請記得，簡報的結構需要配合觀眾的理解需求，組合方式對他們來說必須清晰易懂。專業主題方面的專家在準備素材時，很容易把心中密切相關的想法放在一起，但觀眾不一定能輕易看懂其中的關係。請以觀眾能領會的方式連結你的訊息。簡報的結構應該感覺自然，且讓觀眾覺得合理。

本節將逐一介紹各種組織簡報的結構。大部分的簡報會失敗，都是因為結構上的缺陷。如果結構行得通，簡報就行得通。結構好，簡報就好。好的結構能幫你解決問題，並消滅脫稿演出。

定義什麼是合理的結構

你過去應該有被摸不著邊際的簡報迫害的經驗。缺乏組織的簡報遵循某種看不見的異常路徑，只有講者自己能理解。當觀眾看不出結構時，通常是因為講者沒時間組織訊息，或者根本覺得沒必要以觀眾能輕鬆理解的方式來包裝內容。

繞來繞去的簡報是條死胡同，只會讓觀眾迷失在無路可走的迷宮中。沒有結構的想法並不扎實，結構能幫你強化思想。現在有很多演講都偏離了單純和清晰的結構，不要落入這樣的誘惑中。簡報最廣泛運用的是「主題型」結構。樹狀圖和大綱是幫助把結構視覺化的常見方式：

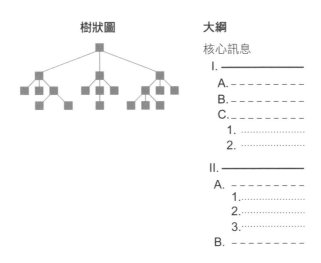

請注意，所有的支持型（次要）訊息都掛在大主題下。所有的論點都對著同一個核心訊息，核心訊息底下再分流出各主題。

一家上市公司的行銷長最近與我分享了他為執行長開發訊息時所做的流程修改。過去，他和團隊會透過投影片將想法「推銷」給執行長。大約三張投影片後，他忍不住插手告訴團員應該加入哪些內容。如果執行長耐得住性子，就會看到他最喜歡的內容，但如果簡報超過十五分鐘，執行長就不會繼續看下去。他笑著告訴我們，上次他對執行長簡報時，團隊靈機一動，拋開投影片，只給他一份基本大綱。執行長很快就抓到了結構，講完後立刻看他喜愛的內容，接著把大部分時間用於擴展提案的想法。大綱萬歲！

檢視簡報的整體結構有以下好處：

- 可創造出結構的梗概，讓你看到整體而非部分，好專注在構築想法而非細節上。

- 可確保你有一個支持型（次要）主題來支撐清楚的核心訊息。

- 可過濾掉該主題範圍內，不完全支持單一核心訊息、非直接相關的子主題。

- 可協助審查團隊快速了解結構和訊息，節省他們的時間，好給出更周延的回饋。

組織結構

架構支持型（次要）內容有數種有趣的方式。按主題架構的結構最常見，

不過簡報結構也有其他較少見的組織模式。這些模式可以用來取代主題型結構，成為首要結構，或者用來安排某子主題項下的內容。

以下四種結構呈現自然，像說故事一般，能創造簡報的趣味：

- **時間順序**：依照事件的時間進展（往前或往後）安排與事件相關的資訊。這種結構最適合用在以事件發生順序來理解主題的時候。
- **步驟順序**：依照流程或逐步次序來安排資訊。這種結構通常用於報告，或用來描述專案展示。
- **空間順序**：依照事物在實體空間中相互的關聯性來安排資訊。
- **重要順序**：依照重要性安排資訊，通常從最不重要依序排到最重要。

以下四種結構本身都含有對比，可用於說服性質的簡報：

- **問題解決**：以陳述問題與解決方式來安排資訊。確認問題的存在有助於說服人們需要改變。
- **比較對照**：依照二件以上事物的相同點與相異處來安排資訊。資訊放入此脈絡中時，見解就容易浮現。
- **因果關係**：依照各情況不同的因果關係來展示資訊。這種方式運用在「推動行動來解決問題」時，效果最佳。
- **優缺點**：依照「好」或「壞」兩種類別來安排資訊，這能幫助觀眾評估某議題的正反二面。

選擇最適合你訊息的組織結構。無論你用的是哪種結構，請以清晰的言語或視覺提示來引導觀眾，讓他們清楚知道你的立場，以及你要帶他們去哪裡。

（書中節錄部分從影片
6:26 分鐘開始）

案例研究
理察‧費曼──萬有引力的授課結構

理察‧費曼
曾任加州理工學院
教授

物理學家理察‧費曼在加州理工學院的課程不但吸引了熱情的物理系學生，甚至連非物理專業的學生也純粹覺得好玩去上（這是物理課前所未有的現象）。費曼簡單易懂的溝通風格為他贏得了「偉大的解說者」稱號。

費曼在接受英國廣播公司（BBC）採訪時，解釋自己如何備課：「我該怎麼教他們最好？從科學歷史的角度或科學應用的角度？我的理論是……要亂上加亂。用盡一切方法做到這件事。你在講的時候，不同的論點可能吸引不同的

人。因此，對歷史感興趣的學生有對抽象數學感到無聊的時刻，喜歡抽象的學生也有覺得歷史無聊的時刻。這樣所有學生就不會整節課都覺得無聊了。」

　　費曼的分析與情感層面皆高度開發，所以能把對比帶入自己的課堂中。即使他身為諾貝爾獎得主、為亞原子粒子設計出圖像化表述、協助開發原子彈，且預言了納米技術的誕生，他仍經常演奏邦哥鼓（bongo drums）。他相信自己最寶貴的優點是父親灌輸他的無限好奇心。「我父親教我留心事物，」費曼說。「我一直像小孩子一樣尋找奇蹟，而我也知道自己一定會找到。」幽默感和好奇心是費曼一再利用的情感要素，以展現迷人又平衡的科學觀。**每次上課時，費曼不但動腦，也以內心情感來傳達他的觀點。**

分析型策略：

- **運用信號**：費曼運用組織型信號，協助學生理解課堂中各結構段落是如何組合的。他一開始就表明結構為何，轉移到新重點時則以有修辭性色彩的疑問句與口語信號來表達。

- **分項列舉**：費曼會打破內容並分段。他會說出「接著將解釋幾個重點」，然後在上課過程中清楚說明他解釋的重點是什麼。

- **視覺化**：費曼經常使用35毫米幻燈片、投影機和黑板，但不會過度依賴這些器材。他授課時常輔以戲劇化的手勢和聲音效果，而不是在黑板上寫滿深奧的符號。

情感型策略：

- **讚嘆科學的奇妙**：費曼如孩童般的好奇心驅使他走向科學，也因此為他的課堂注入了對科學及生命充滿詩意的驚嘆之詞。費曼不只談論物理學，而是對物理這個主題，以及自然壯麗之美與光輝發出驚嘆。

- **運用幽默感**：費曼有一種自嘲的幽默感，而且擅長把自己的幽默跟主題相互融合。他知道有趣的故事比起邏輯縝密地授課更容易被接受。他授課過程中幾乎是等距插入幽默。

　下一頁的迷你圖將反映出費曼運用對比的能力。www

費曼的迷你圖

正如我們先前所學，對比是吸引觀眾注意力的關鍵。費曼的授課是對比與結構的絕佳範例。有些學術主題根本無法創造「現況」與「願景」的對比，除

費曼字字珠璣的讚嘆之詞表達了他對這個主題的喜愛：「這個定律被稱為人類心智所能達成最偉大的歸納陳述。你大概已經從我的介紹中發現，我對於人類的心智，並沒有像對自然奇蹟那麼感興趣。大自然遵從著如此優雅而簡單的萬有引力定律。因此，我們的重點將不會放在人類發現這件事有多聰明，而是大自然注意到這件事有多聰明！」

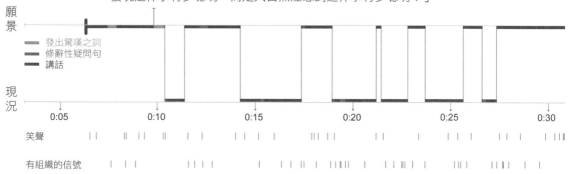

向觀眾發出信號
上方的記號代表費曼組織該授課的多個信號。他用了三種類型的組織型信號：

介紹
「我想談的是……」、
「我要試著給……」、
「現在我選擇了……」、
「這是我在本次課堂中想做的」。

新重點
「第一，……」、「接著，……」、
「同時，……」、「下一個重點是……」、「例如……」、
「然後……」、「還有……」、
「另外，……」、「下一個問題是……」、「另一個問題出現了……」、「我們繼續往下講。」

結論
「所以很明顯的……」、
「所以有人提出了一個有趣的想法……」、「但最令人印象深刻的事實是……」、「最後……」。

非藉由數次授課先建立「現況」的基礎。在這次萬有引力的授課中，費曼幾近完美的掌控時機，在事實（數學）與情境（歷史）間來回移動，巧妙地融合對比。嚴格說來，這個迷你圖應該是一條「現況」的直線，但是我們放大了這條線，仔細觀察事實與情境的對比。（請務必參考費曼充滿遠見的演說，他的演說確實在「現況」與「願景」之間穿越。）

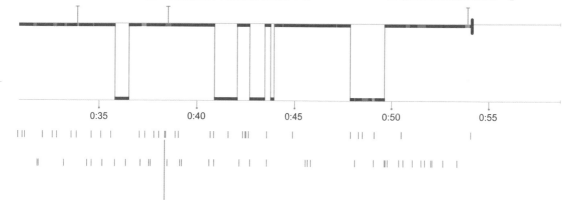

創造驚奇感
「這是天空中最美麗的事物之一，就跟海浪和日落一樣美。」

讓觀眾思考
費曼在整個授課過程中以修辭性疑問句做為結構：「現在，我們要談的萬有引力定律到底是什麼？月球在地球上的力量是平衡的，但是什麼造成平衡？這條定律有什麼問題嗎？」

新福祉
「自然只用最長的線來編織它的圖案，因此織物的每一小塊都能看出整體的組織。」

讓觀眾發笑
費曼上課內容有不少有趣的評論，以保持學生的興趣。他一度在筆記中忘記自己講到哪裡，結巴了一下，同時開了個玩笑：「這顯示了引力可以延伸到很遠的距離，但是牛頓說，所有事物都會吸引其他事物。我吸引你們嗎？抱歉，我的意思是說，我在物理上（編註：physically 另一意為肉體上）吸引你嗎？我不是那個意思，我的意思是……。」

能放大效果的訊息順序

結構可以產生想要的結果。你身處何處，以及如何將某資訊與其他資訊相連，能創造意義並決定其他人接收這些資訊的方式。透過精心安排的資訊來創造情感訴求，並在簡報結束時營造出講者想要的情感效果。以下是某公司第三季度的進度報告範例。多數組織會定期發表這些報告，好傳達該組織朝目標前進的進展。請注意「轉到這裡」這部分指出員工應該更有信心且更有動力來提供協助。

核心訊息	從這裡	轉到這裡
第三季營收下降。雖然我們仍處於領先地位，但是如果我們慢下腳步，將流失市占率。	不確定公司未來 →	相信我們會成功
	財務干擾導致生產力低下 →	有動力在下一季創造出更好的產品

無法激勵人心的結構V.S.激勵人心的結構

第一個簡報結構（右上），是無法激勵觀眾產生「會成功」的信心。

接著，再看同樣的材料以不同方式、再加上一點情感訴求呈現（右下）。簡單的結構變化與慶祝式的驚嘆語氣，改變了簡報的調性與結果。每一點都建立在前一點的基礎上，最終達到漸進式的激勵效果。

---

1. 作者這裡使用「*The Little Engine That Could*」來形容，這是引用一本同名《小火車做到了》的知名童書。

營收降低	新客戶數量增加 15%	市占率提高	今天推出新產品	跟競爭者相比業績不錯	我們第三季未達標

結構 1. 文稿

歡迎大家來聽第三季的進度報告。我想讓各位知道我們第三季的營收下降了。傳聞是真的。

雖然數字下滑，但是我們新客戶的數量增加了 15％。非常傑出。各位做得很好。

我們的市占率也提高了，這點也很不錯。

各位這一季開發了一些新產品。我很以你們為榮。

我們比起競爭對手，成績不算太差。

之前分析師就預測這一季營收會下降，所以這些都在掌握之內。謝謝各位今天的參與。祝各位有個美好的一天。

我們第三季未達標	新客戶數量增加 15%	營收降低	跟競爭者相比業績不錯	市占率提高	今天推出新產品

結構 2. 文稿

歡迎來到第三季進度報告。先前分析師預測這季度時說，這產業，尤其是我們公司，無法成為小火車[1]。他們說我們無法爬上山坡。

儘管如此，我們仍在不景氣下改寫了市場！我們的新客戶比去年增加 15％。實際上，新客戶中有四個是大型跨國組織、過去三年多來也一直是我們的目標對象！

是的，公司營收確實下降了。大環境不景氣，我們的產業與經濟連動，加上公司是這產業的龍頭，所以經濟連動導致營收下降是在所難免的。

但相較於我們的競爭對手呢？甲公司營收下降 12％，乙公司下降 8％，而我們下降了多少呢？（暫停）只有 2%。

這對公司市占率造成怎樣的影響？我們有巨幅的成長，不只是國內，國外也是。雖然市場經歷一整季的混亂和不確定，但你們讓這一季成為我最感到自豪的時刻。

請看第四季推出的產品。哇，是不是很漂亮？在市場受到巨大紛擾之際，創造出令人讚嘆的產品，不但需要創新，更要堅持，而你們做到了！如果在不確定的環境中你們都能發揮如此創意，我迫不及待想看市場好轉後的成果。我們不只能當小火車，還是勢不可擋的小火車！

訊息的結構造成結果的差異。

創造情感的對比

　　觀眾喜歡看到簡報傳達情感的對比與訴求。但是多數的簡報都缺乏這塊，因為執行上不僅需要多個步驟，而且還難以捉摸簡報的元素。然而，在情感上讓觀眾參與，能幫助他們與你、訊息建立關係。好萊塢製片彼得·古柏曾說，「企業領導者必須體認，觀眾對於故事的有形反應，是故事本身及故事講述不可或缺的一部分。共同的情感反應——哈哈大笑、害怕尖叫、失望嘆息、憤怒吶喊——是一種結合力，說故事的人必須學會藉由感官與情感訴求來操縱這種力量。」在分析型與情感型內容間轉換是另一種對比的形式。請記得，對比是保持觀眾興趣很重要的一環。在二者之間轉換可以創造對比。

簡報內容格式

　　以下二欄列出常見的簡報格式。全世界的電腦硬碟都裝滿了左欄這種簡報投影片，只有一小部分有右欄這種簡報投影片。

分析型內容		情感型內容	
・圖表	・樣品、展品	・生平或虛構故事	・令人震驚或恐懼的陳述
・特點	・系統	・好處	・令人產生美好聯想的影像
・數據	・流程	・類比、隱喻、	・共享驚奇或美好
・證據	・事實	・軼事、寓言	・幽默
・範例	・支持文件	・道具或戲劇演出	・驚喜
・案例研究		・懸疑揭曉	・提議、交易

左欄中任一分析型主題通常不帶情感，既不涉及痛苦、也不涉及快樂。然而，所有主題都可以呈現從傳統分析素材轉化為情感素材的方式。例如，大圓圈包含小圓圈的簡單圖示可以傳達收購的發生情況，屬於中性圖示，除非你講述收購該公司背後的奮鬥故事，或是雙方為了促進收購所經歷的冒險犯難行為等等。你必須解釋數據起伏的原因，否則數據只是數字分析而已。

分析與情感型內容對比

我們再次檢視上一節的第三季進度簡報。典型的季度進度簡報往往充滿數據及報告素材，很難讓員工對該訊息產生連結。

上述範例中分析型資訊的修正方式：

盤點你的投影片，確認哪些內容可以從分析型轉換為情感型。適合的內容就加以轉換。在電影中，情緒的轉換稱為節奏轉折（beats），是電影中最小的結構元素。同一個場景中可能有好幾個節奏轉折，每個場景也會確保帶有情感的轉折。編劇必須精心安排轉換痛苦與快樂的情感，好讓觀眾持續保持興趣。進行簡報時，在分析型內容與情感型內容間來回轉換，也能像電影一樣吸引觀眾。

表達方式的對比

媒體與娛樂的長期轟炸造成一種不耐煩的社會文化。娛樂產業各種前所未見的創新不斷產出，占據我們的思想和心靈，提供各種逃離現實的途徑。

現代觀眾已習慣了快速動作、快速變化場景、讓人心跳加速的配樂。娛樂的進步提高了人們對視覺與內心刺激的期望值，減弱了在講者喋喋不休時專心坐上一個小時的能力。大多數人十分鐘內就開始坐不住，希望自己有遙控器可以轉到比較有趣的內容。

把傳達方式從傳統讀出投影片上的內容改為非傳統的方式，可以讓觀眾保持興趣並創造驚喜。運用媒體交替、多位講者交替、與觀眾互動，可以讓演說保持活力。但請注意，這些模式的改變需要預先詳細規畫。一小時內「可以」用好幾種模式，也「應該」這麼做。

引起觀眾注意並保持專注力的關鍵，是持續讓新的事件發生。這會讓人感覺簡報持續「進行中」。台上的肢體動作也屬於非傳統的表達方式。由於人類戰或逃（fight or flight）的天性本能使然，我們不得不仔細觀看視覺事件。媒體變化、交替講者，甚至戲劇化的手勢這類簡單的技巧，都能為觀眾帶來變化性，保持他們的興趣。

過度使用投影片會削弱人類連結的力量。由於現實中與人們（你的觀眾）連結不多，所以你應該充分利用這個親身做簡報的機會。如果觀眾感覺跟你有互動了，他們會認為這是場成功的簡報。降低對投影片的依賴性有助於促進這

種連結。

在傳統與非傳統方法間變換表達方式可以創造對比。下表為不同表達方式的對比。你可以看到運用非傳統的表達方式讓簡報更為有趣。

傳統		非傳統
風格		
嚴肅的商業口吻	·	幽默熱情
有限的表現力	·	豐富的表現力
語氣單調	·	聲音與節奏變化
視覺輔助		
朗讀投影片	·	減少使用投影片
靜態圖片	·	動態影像
説明產品	·	展示產品
互動		
把干擾最小化	·	規畫干擾
抗拒現場回饋	·	喜歡即時回饋
要求安靜	·	鼓勵交流
內容		
熟知特點	·	對特點展現驚奇、驚嘆
完美的知識	·	自嘲的幽默
長篇大論	·	容易記憶、新聞提要般的短句妙語
參與		
單方講述	·	投票、致意、玩遊戲、書寫、畫畫、分享、唱歌、問答

盡量使用多種方法讓簡報變有趣，混合傳統與非傳統方法來創造對比！

把你的故事放上銀幕

終於進入創建簡報的最後一步。現在，你所有的訊息都很清楚且結構良好，可以開始為投影片做分鏡表（storyboard）了。

在打開簡報軟體之前，請記住以下幾點：

- **一張投影片一個想法**：每張投影片都該只有一個訊息。沒有理由把好幾個想法塞進同一張投影片。投影片是免費的，你要做幾張都能做。但請給每個想法單獨專屬的舞台。你每次轉跳到下一張投影片時，觀眾視覺會重新受到吸引，因此擁有幾張節奏適中的投影片，視覺上會在每次點擊時重新吸引他們。

- **保持簡單**：在紙或便利貼上簡單勾勒出能表示你想法的小圖（右下圖）。把你的想法限制在一個小圖的空間內，可以引導你在簡報軟體創建投影片之前，僅用簡單、清楚的文字與圖案（做為概念）傳達訊息。即使沒有圖像，在銀幕上打出漂亮的大字，也勝過密密麻麻的文字。

- **把文字變成圖像**：把文字變成圖像並不難，只要你了解投影片上的文字關連。請觀察某張你有列點符號的投影片。在你組合該投影片資訊時，每一點應該都跟其他點有某種關係，感覺是同一類的。把投影片上所有的動詞或名詞圈起來，然後仔細思考彼此之間的關係。動詞與名詞相互的關係很可能是以下圖形其中一種類別。

視覺關係圖的運用 [2]

流程圖（Flow）
顯示過程

結構圖（Structure）
顯示分級

集群圖（Cluster）
顯示分類

放射圖（Radiate）
顯示連結與節點

影響圖（Influence）
顯示因果關係

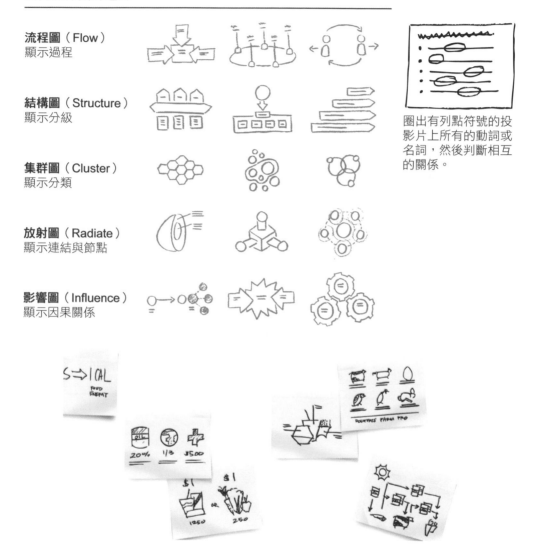

圈出有列點符號的投影片上所有的動詞或名詞，然後判斷相互的關係。

---

2. 如果你想深入了解如何創建投影片，請閱讀這以下兩本書：賈爾·雷諾茲《簡報禪：圖解簡報的直覺溝通創意》與我的《視覺溝通：讓簡報與聽眾形成一種對話》。

流程回顧

如果你在前兩章一直使用便利貼來蒐集、整理你的想法，那麼流程看起來應該像下面這樣。

所有事物都有與生俱來的結構。一片葉子、一棟建築物，甚至一支冰淇淋都有其（分子）結構。結構形成一切事物的形狀和表達，簡報也一樣。簡報的結構會決定觀眾如何看待它們。結構的大小變化，都會改變觀眾對內容的接受度。

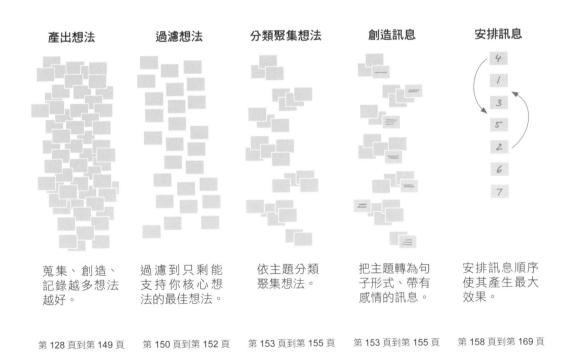

產出想法	過濾想法	分類聚集想法	創造訊息	安排訊息
蒐集、創造、記錄越多想法越好。	過濾到只剩能支持你核心想法的最佳想法。	依主題分類聚集想法。	把主題轉為句子形式、帶有感情的訊息。	安排訊息順序使其產生最大效果。

| 第 128 頁到第 149 頁 | 第 150 頁到第 152 頁 | 第 153 頁到第 155 頁 | 第 153 頁到第 155 頁 | 第 158 頁到第 169 頁 |

要讓結構產生效果，請把簡報從線性的製作環境中拉出來，並從空間和整體來檢視結構、確認結構良好，然後再安排能發揮最大作用的流程。

結構可以讓觀眾跟著你的思考過程走。如果沒有清楚的結構，就容易跳來跳去，隨機連結到一些想法上，讓觀眾搞不清楚你的訊息。堅實的結構可以讓想法有邏輯的流動，並協助觀眾看到各點如何互相連結。

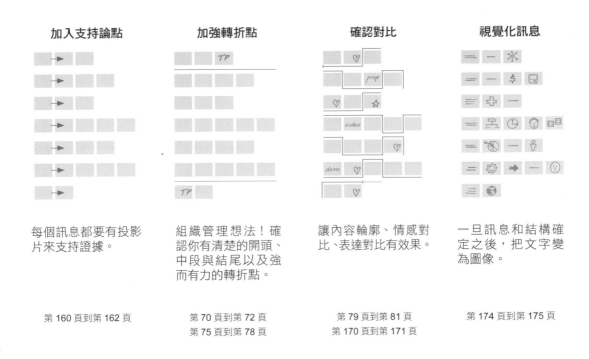

加入支持論點	加強轉折點	確認對比	視覺化訊息
每個訊息都要有投影片來支持證據。	組織管理想法！確認你有清楚的開頭、中段與結尾以及強而有力的轉折點。	讓內容輪廓、情感對比、表達對比有效果。	一旦訊息和結構確定之後，把文字變為圖像。

第 160 頁到第 162 頁　　第 70 頁到第 72 頁　　第 79 頁到第 81 頁　　第 174 頁到第 175 頁
第 75 頁到第 78 頁　　第 170 頁到第 171 頁

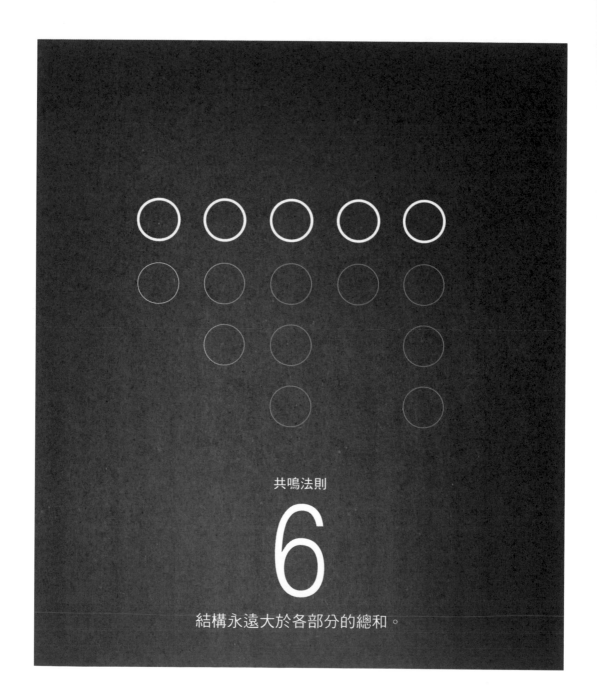

共鳴法則

6

結構永遠大於各部分的總和。

第 **7** 章

傳達讓觀眾畢生
難忘的訊息

創造亮點時刻

每次做簡報時，請刻意戲劇化地傳達核心訊息，營造讓觀眾畢生難忘的「亮點時刻」（S.T.A.R. moment）。這一刻應該要深刻或戲劇化到讓觀眾在茶水間也能聊，或像頭條新聞一樣。在簡報中植入亮點時刻，可以讓話題在簡報結束後繼續延續下去，幫助訊息火速傳播。

你的簡報對象很可能已經看過很多簡報，例如創投業者或評估多間商家的客戶。你最好能在簡報的兩週後、他們做最後決定前脫穎而出。你希望他們記住的是你，而非只是他們見過的眾多講者之一。

亮點時刻應該是簡報中重大、誠摯而啟發人心的時刻，能幫助你放大核心訊息，而非分散觀眾注意力。

亮點時刻有以下幾種類型：

* **令人難忘的戲劇化時刻**：戲劇化的片段可以傳達觀點。這可以是道具運用或展示，或更戲劇化，例如重現某場面或短劇。

* **可被重複的金句**：簡短、可被複誦的短語不但讓媒體有新聞標題（或提要）可用、讓見解躍上社群媒體並為簡報注入活力，還能讓員工有精神口號（隊呼）可用。

* **令人玩味的視覺圖像**：一張圖片確實勝過千言萬語，能代表千情百緒。一張強而有力的圖像，可以成為你訊息中令人難忘的情感連結。

* **有感染力的說故事方式**：故事以人們記得住的方式包裝訊息。好故事內含

的核心訊息，便於人們在簡報以外的時間傳達。

- **令人震驚的統計數據**：如果有令人震驚的統計數據，請不要掩蓋它們。讓觀眾注意到這件事。

　　「亮點時刻」不應該太俗氣或陳腔濫調。請確定這是值得你花時間且適當的內容，否則結果可能會像糟糕的夏令營短劇一樣。去認識你的觀眾，確認什麼最能引起他們的共鳴。不要對著一群生物化學家，卻創造出情感過度的內容。亮點時刻能在觀眾的腦中和心裡創造一個鉤子，這些鉤子本質上是視覺性的，會讓觀眾產生深刻見解，成為聽覺資訊的補充。

著名的亮點時刻

理察‧費曼

理察‧費曼曾協助調查挑戰者號太空梭的災難。他很快確認 O 形環可能是爆炸的關鍵原因。為了說明這觀點，他扭轉並鉗緊一個橡膠環，然後把它放入一杯冰水中。在完美的時機點，他鬆開了夾子，橡膠環慢慢伸直展開。

他說：「這種特定材料在華氏三十二度的情況下，有幾秒鐘的時間是沒有彈性的。」這段解說讓媒體陷入瘋狂，因為 O 形環應該要在千分之一秒（毫秒）內膨脹伸展才對。 <u>WWW</u>

比爾·蓋茲（Bill Gates）

比爾·蓋茲投身慈善事業，希望能解決世界上一些嚴重的問題，包括瘧疾。他在 2009 年的 TED 演講中，指出了數百萬人因為瘧疾死亡，且隨時有 2 億人正受瘧疾所苦，以此讓觀眾了解這種疾病的嚴重性。接著他指出，為富人開發禿頭藥所花的經費，比為窮人防治瘧疾所花的錢還多。同時他把一罐裝有蚊子的容器放到演講廳中說，「沒道理只讓窮人體驗這種感覺。」接著打開容器讓蚊子飛出來。（影片從 4 分鐘處開始觀賞） WWW

賈伯斯

賈伯斯是位以絕妙方式展示蘋果電腦產品的大師。他在 2008 年 1 月說：「這是 MacBook Air，它薄到甚至能放進辦公室裡隨處可見的那種信封中。」說完賈伯斯走到舞台的一邊，拿起一個牛皮信封，然後從裡面取出一台 MacBook Air。同時間觀眾席陷入瘋狂，演講廳中數百個相機卡嚓聲與閃光燈此起彼落。「你可以感覺到它有多薄。它有全尺寸的鍵盤和螢幕。是不是很神奇了？這是世界上最薄的筆記本電腦。」賈伯斯說。（影片從 48:05 分鐘處開始觀賞） WWW

麥可‧波倫（Michael Pollan）
《雜食者的兩難》（*The Omnivore's Dilemma*）、
《食物無罪》（*In Defense of Food*）作者

麥可‧波倫天生是位說故事好手。他告訴人們食物的來源，其著作《雜食者的兩難》和《食物無罪》更改變了世人對當前食物系統的想法。

2009年秋天，波倫在Pop！Tech演說時，他想讓觀眾對某個時間的論點留下深刻的印象，於是他和團隊計算出製作一個速食雙層起司堡需要多少毛油（沒經過精煉加工的初級油）。結果用量非常驚人。

為了讓觀眾記住這個訊息，一開始上台演說時，他拿著速食店的紙袋走上舞台。他說：「這是等一下要用的東西。」接著，他把紙袋放在舞台中央的桌子上並開始演說，讓觀眾對桌上道具產生好奇。

後來，波倫談到油和食品供應之間的關係時說：「我想讓你們看一下生產這個雙層起司堡需要多少油。」他從紙袋中取出了漢堡，然後再拿出一個八

盎司（約合237毫升）的空玻璃杯和一瓶油。他先把油倒入空玻璃杯，直到滿杯為止，並說：「但這還不夠，你還需要另外八盎司的油。」他手伸到桌子底下，拿出第二個空玻璃杯，再倒一次，然後再倒一次。要生產出一個雙層起司堡，總共要用二十六盎司（約合769毫升）的毛油。<u>www</u>

1,200 大卡　250 大卡　　　　玉米　大豆　　　　　　26 盎司的油

讓觀眾直接看到生產漢堡所需的毛油，是多麼令人不安的視覺衝擊，但觀眾下次選擇食物時一定會記得這件事。

可被重複傳誦的金句

　　如果人們可以輕鬆想起、複誦，並傳遞你的訊息，代表你在訊息傳達方面成功了。想做到這點，你應該在簡報中植入一些簡潔、清楚、可被重複的金句，讓人能輕鬆記住。

　　精心設計過的金句可以創造亮點時刻，不僅針對現場的觀眾，還有藉傳播分享或社群媒體等管道接觸到這場簡報的人。

- **新聞**：協調你的關鍵用語，讓演說（簡報）的關鍵用語跟新聞稿一致。逐字重複重要的訊息，好讓新聞媒體選用正確的關鍵語。對於正在拍攝你演說（簡報）的攝影組，原則也一樣。確保你至少有15到30秒非常突出的訊息，明顯到記者當成新聞重點播送出去。

- **社群媒體**：建立清晰的訊息。把每位觀眾想像成小型的無線電塔，可以不斷重複你的關鍵理念。一些看起來平凡無奇的觀眾，社群網絡上可能有多達五萬名追隨者（關注者）。某個金句傳送給他們的追隨者後，可能被轉發成千上萬次。

- **精神口號**：創造出一個簡短而容易重複的金句，做為大眾宣傳你想法時的口號或號召。美國前總統歐巴馬的競選口號：「Yes We Can！（我們做得到！）」就是源自初選的一次演講。

　　花時間精心編寫一些容易朗朗上口的訊息。舉例來說，阿姆斯壯在登陸月球、跨出第一步之間花了6個小時40分鐘來編寫自己要說的話。具歷史意義或

成為頭條新聞的金句，並不會當下神奇湧現，它們都是精心策畫的結果。

編寫完訊息之後，你可以用三種方法讓觀眾記住訊息：第一，不只一次重複金句。第二，在句中加上一個停頓點，讓觀眾有時間準確寫下來。最後，把那些話放上投影片，讓觀眾不只透過口語，也能在視覺上接收這個訊息。

以下是一些可以幫助你創造難忘金句的修辭方法：

- **模仿某名言**：有句黃金法則是「己所不欲，勿施於人。」

  仿作：「不想聽的簡報，勿施於他人。」

- **一連串句首重複相同的字詞**：狄更斯《雙城記》（*A Tale of Two Cities*）中的名言：「那是最美好的時代，也是最壞的時代，那是智慧的時代，也是愚蠢的時代。」

- **一連串中段重複相同的字詞**：聖經《歌林多後書》（*the Corinthians*）：「我們四面受敵，卻不被困住；心裡做難，卻不至失望；遭逼迫，卻不被丟棄；打倒了，卻不至死亡。」

- **一連串句尾重複相同的字詞**：林肯的〈蓋茲堡演說〉（*Gettysburg Address*）：「這個民有、民治、民享的政府將永世長存。」（*of the people, by the people, for the people*）

---

1. 美國知名足球星辛普森（O. J. Simpson）殺妻案做為證物的手套，因尺寸與辛普森的手不合，辛普森的辯護律師在法庭上說出的名言。

2. 美國前總統雷根參加慶祝柏林建城26週年。他呼籲當時蘇聯共產黨中央總書記戈巴契夫（Mikhail Gorbachev）透過開放政策與經濟改革增進共產主義的自由，並推倒柏林圍牆。

3. 阿姆斯壯說這句話時，其實有「a」這個冠詞，但聲音傳回地球時「a」卻不見了，批評者認為他是口誤，但近來錄音分析顯示，阿姆斯壯確實講了「a」，只不過在傳輸過程中消失了。

英國前首相邱吉爾
（Winston Churchill）
「在人類戰爭史上，從來
沒有這麼少的人為這麼多
的人做出這麼大的貢獻。」

辛普森案辯護律師強尼·科
克倫（Johnnie Cochran）
「如果（手套）尺寸不合，
請務必判決無罪。」[1]

美國前總統雷根
於西柏林演講金句[2]
「戈巴契夫先生，請
拆毀這道牆！」

人類登月第一人阿
姆斯壯
「這是我的一小
步，卻是人類的一
大步。」[3]

前世界重量級拳王阿里（Muhammad Ali）
「我像蝴蝶一樣飛舞，像蜜蜂一樣蜇人。」

令人玩味的視覺圖像

　　圖像可以喚起從痛苦到愉悅等各種情感。**雖然使用表現力強的描述話語，也是打造畫面的一種方法，不過照片或插圖經常能在觀眾的心中和腦中留下更鮮明的印象。**當人想起圖像時，通常也會想起與之相關的情感。

　　你的簡報可以用大型全螢幕圖像來傳達要點，或者把兩張圖放在一起比對，營造出下方範例這種衝突的情感。這兩張都以手指沾著墨水的影像場景在國際上廣為宣傳。第一張照片中，人們手指沾著墨水是為了防止二度投票。第二張照片中的手指沾著墨水，卻是被專制強行逼迫投票。這兩張照片喚起截然

伊拉克婦女感到快樂、自由、挑戰威權

雖然手勢和墨印相似，但情感意義截然不同。

辛巴威婦女感到害怕、畏縮與挫折。

不同的情緒。

2005年1月30日：伊拉克人自海珊下台以來首度投票。激進分子在巴格達引爆數十枚爆裂物，試圖阻止投票進行。自豪的市民舉起紫色手指（已投過票），表示支持民主、對抗恐怖主義的威脅。

2008年6月27日：穆加貝（Robert Mugabe）在辛巴威的總統選舉中落敗後，授權進行二輪制投票（runoff ballot），而他是唯一的候選人。穆加貝欲以詐欺、腐敗及威嚇民眾來維持政權。辛巴威選民必須出示沾有墨水的手指證明自己已投過票，如果不從，可能遭到毆打並被迫投票，最後落入政府特工手中，面對更淒慘的後果。

喚起人們對上述真實事件的回憶，圖像是很有效的做法，圖像經常能傳達言語無法比擬的情感力量，尤其是碰到民主和專制這類抽象議題時。

保護國際組織

國際保護組織把夢幻的海洋圖像，與被沖上海灘的垃圾並置。這個對比令人震驚，促使觀眾理解為什麼海洋如此重要，並做好採取行動的準備，以改善政策、改變商業行為，並且在日常生活中做出更好的選擇。

我們 80% 的氧

140 億磅重的垃圾

門洛帕克長老會牧師
約翰・奧伯格

約翰・奧伯格牧師——有感染力的說故事方式

　　說故事能創造情感上的黏著劑，把觀眾跟你的想法拉近。不過，每週打造獨特又啟發人心的訊息是很費心思的事，因此門洛帕克長老會牧師約翰·奧伯格常以自己的生活故事，來說明要傳達的訊息。

　　把故事編織到自己的訊息中，是奧伯格的一大特色和吸引力。他會盡己所能花時間把用字遣詞、故事，跟要傳達的訊息交織在一起，就像編毯子一樣。他會以聖經為基礎發展出一個主題，然後精心編入個人故事，就像織布機上的緯線和經線。他的主題和聖經把緯線訊息固定好，然後故事就像來回穿梭的紗線，在織物上創造出圖案。

　　接下來的簡報分析是我第一次聽奧伯格的佈道。www 我對這個佈道的結構以及感動我的能力產生了興趣。佈道的主題是：「人們可以藉由展現關愛，把天國帶到人間。」他在佈道中提到了好幾個故事，其中一個主故事精心串聯整個佈道：他提到自己妹妹的破舊布娃娃潘蒂。在一開始提到布娃娃的故事（請見下文）起，全程都反覆用到破舊這一概念。

主故事傳達的概念是不管狀態如何，人們都希望被愛：

「娃娃潘蒂的頭髮幾乎掉光，還掉了一隻眼睛、一隻手，但他仍是我妹妹芭比最喜歡的娃娃。他不是什麼值錢的娃娃，但我不覺得可以把潘蒂送給別人。他不是什麼吸引人的娃娃，而且已經很破舊了，但小朋友就是這樣，沒有什麼理由，芭比就是喜歡這個小小的布娃娃。芭比吃飯的時候，潘蒂一定要在旁邊。芭比睡覺的時候，潘蒂也要在旁邊。就連芭比洗澡的時候，潘蒂也在旁邊。愛芭比，就要連潘蒂一起愛，這是無法分開的。其他娃娃來來去去，潘蒂則是家人。

這種愛有多強烈呢？有一次我們從美國伊利諾州的羅克福德（Rockford）到加拿大度假，潘蒂當然也跟著去了。當我們回程到家的時候，才發現忘了把潘蒂帶回來了。潘蒂留在加拿大的旅館。我們想也不想，我父親調了車頭，從羅克福德再開車回加拿大拿潘蒂。因為我們是忠誠的家庭。或許不是很閃亮的那種，但卻是很忠誠的。所以我們把潘蒂找了回來。

潘蒂從來就不是什麼值錢的娃娃，後來更是破舊到唯一合理的做法是把它丟掉，扔了它。但芭比實在太愛那個娃娃了，他讓每個愛芭比的人都覺得那個娃娃很珍貴。愛芭比，就要愛他的布娃娃。這是包套銷售。妹妹不是因為潘蒂很漂亮才愛它，是他對潘蒂的愛，讓潘蒂「變」漂亮了。」

奧伯格最後回到開頭故事的前提，結束了他的佈道。回到開頭的敘述可以帶領觀眾回到起點，產生嶄新且受啟發的見解，讓故事變得更有意義、更完整。

奧伯格的迷你圖

建立願景
講完布娃娃的故事後，奧伯格把人類在人間的愛視同聖愛在人間的運作方式。「有一種愛是在被愛的對象中尋求價值。有一種愛是被一種東西或被一個人吸引，因為那個人很有吸引力，或那個東西很昂貴、很重要、能賦予我地位或讓我感覺很好。有一種愛是在被愛的對象中尋求價值，而有一種愛在被愛的對象中創造價值。」

重複主題
奧伯格再次運用布娃娃的主題震撼會眾，他說如果你愛上帝，那麼你就必須愛他的布娃娃，因為沒有人是完美無缺的。「耶穌只有一個要求。基督教信仰並不複雜，是我們把它變複雜的。它不是什麼很難的理論。奧伯格這麼解釋：「既然上帝這麼愛我們，我們就應該彼此相愛。耶穌說，『愛我，就愛我的布娃娃。』這是無法分開的，你不能只要一個，不要另一個。」

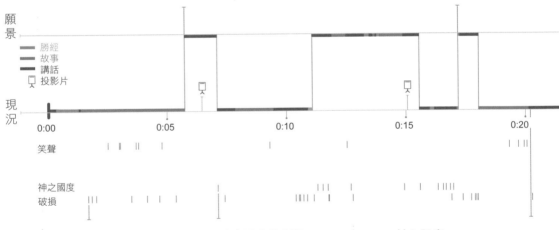

破損的主題
奧伯格用一些短句來強調布娃娃的故事概念，傳達人們雖然破損，但同樣可愛，同樣值得被愛。

神之國度的主題
奧伯格以神之國度做為他的大主題。他數度對比人們在人間的愛，以及神之國度所傳達的愛有些什麼不同。

核心訊息
奧伯格把自己的故事和聖經交織在一起，傳達出他的訊息，他仔細地在佈道中不斷重複這個想法。他把觀眾帶回愛的主題：「想知道如何讓上帝心碎嗎？不要愛別人就行了。」

行動召喚
奧伯格的結論是說服觀眾，某人的價值取決於他們有
多麼為人所愛。因此他邀請觀眾提出挑戰，要他們
打電話給自己還沒說過「我愛你」的人。「有一種愛
是在被愛中尋找價值，尋找閃耀、豐富和令人讚嘆的
事物。不過也有一種愛是拿著布娃娃，把愛給它……
也許你原本就知道生命中有某人需要聽到你說『我愛
你』，但在做到這件事之前，你需要看著某人的眼睛，
或拿起電話或一支筆。有些話你必須說出口。」

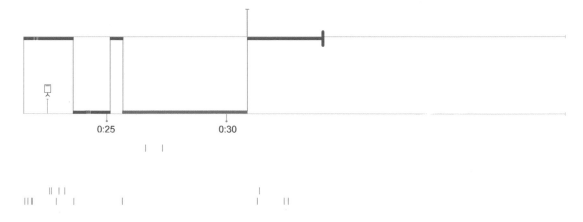

情感時刻
奧伯格在佈道過程中兩度哽咽。第
一次是他重複一首老歌歌詞時；接
著則是在佈道尾聲，他表達要求會
眾所做的事有多重要時。

　　2002年，美國長島一小群公民、學術、勞工和商業領袖聚集在一起，討論該地區所面臨的挑戰及未來可能的新方向。會議結果決定由勞許基金會資助長島指數（Long Island Index）團體蒐集並發布長島地區相關的數據資料。他們的運作方針是「以中立的方式呈現能夠改變政策的好資訊」，目的是促使社區從區域性的觀點去思考未來，成為行動的催化劑。

　　儘管長島指數提供了關於過去與現在的寶貴數據，但原先希望激起人們行動來改善未來的用意並未形成風潮。

　　長島當地的報紙《新聞日報》（Newsday）報導指出，「去年，長島指數創始人南希‧勞許‧杜茲納斯（Nancy Rauch Douzinas）籲請民眾採取『有所做為』的態度。但是這種態度就跟行動一樣，皆未實現。因此，長島指數決定從改變自身的態度做起。方針仍然以中立的方式呈現，不帶任何偏見，但採更積極的方式，確保年度簡報結束燈亮起後，這些想法和急迫感不會消失。」

　　因此，在2010年長島指數的新聞發布會上，勞許基金會提出了重要的統計數據，並將這些訊息整合到簡報中。以圖像來戲劇化呈現關鍵統計數據，有助於傳達創造力與急迫感，對於管理成長並兼顧環境是必要的。這場名為「時間所剩不多」（The Clock is Ticking）的四分半鐘簡報，展示了一張張的圖像，說明一個事實：長島正穩定衰退中，必須立即採取行動！www

「七年來，長島指數產出了許多報告，報告中有各種事實和數據，告訴人們所在地區的狀況有多糟糕。我們改視覺呈現的方式來說明這件事時，民眾的反應十分激動。雖然訊息相同，但新模式傳達出情感上的急迫性。視覺故事感動了民眾與民選官員，讓他們想去解決問題，因為他們了解，沒有時間可以浪費了。」

南希‧勞許‧杜茲納斯

1.
（我們正失去）金融與製造業的高薪工作，取而代之的是低薪的零售業工作。

4.
21%家庭。

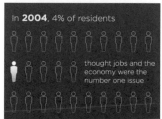

2.
2004 年時，4%居民認為工作和經濟是首要問題。

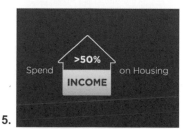

5.
花費在住屋上的費用超過收入的 50%。

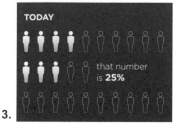

3.
今天，比例上升到 25%。

6.
今天，48 個家庭將進入取消房屋贖回權（Foreclosure）的流程。

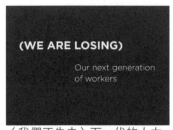

7.

（我們正失去）下一代的人力。

10.

每分鐘 7,610 美元。

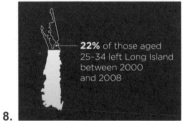

8.

年齡介於 25 到 34 歲的民眾，22%在 2000 年到 2008 年間離開了長島。

11.

每分鐘 7,610 美元從我們的經濟流失。

9.

年齡介於 18 到 34 歲的民眾，在接下來的 5 年間，可能或極可能離開長島。

12.

在長島，我們所剩的時間不多了。

案例研究
賈伯斯──2007 年 iPhone 發表會

　　賈伯斯有一種不可思議的能力，吸引觀眾顯得簡單又自然。他的簡報能讓觀眾全神貫注聆聽一個半小時以上，這是很少講者能做到的事。

> 「賈伯斯不只是做簡報，他提供的是一種體驗。」
>
> 卡曼・蓋洛

　　賈伯斯的行銷長才，讓觀眾前來聽他發表會時已經處於極度興奮的狀態。他出色地利用戲劇化的懸疑感和風趣的表達方式把觀眾留在現場。這對一個企業的執行長，或對任何人來說，都是很少見的能力。

作者註：杜爾特設計並未與賈伯斯本人合作，這裡選擇賈伯斯做為範例的原因，是這場發表會的歷史重要性：這是史上最成功的產品發表會之一。

賈伯斯在發表時刻意營造的期待感，被形容為「銷售推廣、商品展示與企業宣傳的精巧與複雜結合，外加一抹適量的宗教熱忱。」**過去那些年來，他用過每一種「亮點時刻」，以下是2007年iPhone發表會所用的四種形式。**<u>www</u>

- **可被重複的金句**：在他的主題演講中，賈伯斯用了「重新發明電話」（reinvent the phone）這個短句高達5次，跟蘋果官方在新聞發布會上所用的短句相同。在介紹完手機的功能後，賈伯斯再次闡明：「我想當你們有機會拿到這支手機時，就會同意這一點，我們重新發明了電話。」隔天，《電腦世界》（*PC World*）便以頭條報導蘋果電腦「重新發明電話」。

- **令人震驚的統計數據**：賈伯斯不光報出數字，他還把數字放進觀眾能理解的脈絡中，「我們現在每天銷售500萬首歌。很不可思議吧？一天500萬首！等同於每天每小時每分每秒銷售58首歌。」

- **令人玩味的視覺圖像**：賈伯斯先說「今天蘋果重新發明電話，請看……」，接著秀出一張看似iPod加上舊式轉盤的假圖來逗樂觀眾，令他們哈哈大笑。

- **令人難忘的戲劇化時刻**：賈伯斯過去曾從褲子的小口袋中取出iPod，也曾從辦公室常用的牛皮信封中拿出MacBook Air。這次發表會上，產品本身的一項功能是打造戲劇化時刻。新的介面實在太過創新，他第一次示範滑動功能時，觀眾發出了驚嘆聲。接著賈伯斯說，我不久前在蘋果內部向某人進行產品展示。我問他：「你覺得如何？」他這麼跟我說：「你讓我『滑』起手機來了！」

  請注意下一節的迷你圖，他的簡報重點大多放在

「願景（可能發生的未來）」上。沒有多少講者能維持這種簡報能量，但他在精密預演過的發布會中展示了革命性的新功能，並以幽默且無法預期的方式展現出來。請參照下一頁傳達對比的各種方式。賈伯斯運用許多對比的方式融入了他的簡報中。

賈伯斯的迷你圖

建立願景

我期待這一天已經二年半了。每隔一段時間，革命性的產品就會出現，改變一切。今天，我們要介紹三個這種等級的產品。第一個是觸控式寬螢幕的 iPod，第二個是革命性的手機，第三個是突破性的網路通訊設備。一個 iPod、一支手機、一個網路通訊設備。一個 iPod、一支手機……你們懂了嗎？這不是三個分開的產品，而是一個產品。我們稱為 iPhone。

製造懸疑感

賈伯斯有營造懸疑感的神奇能力。整整十五分鐘，他檢視了 iPhone 的硬體功能，方法是關機，對，關機！他以點選照片的方式展現 iPhone 的硬體功能。當他重新開機、首度展示 iPhone 的滑動功能時，觀眾發出驚嘆並爆出如雷的掌聲。

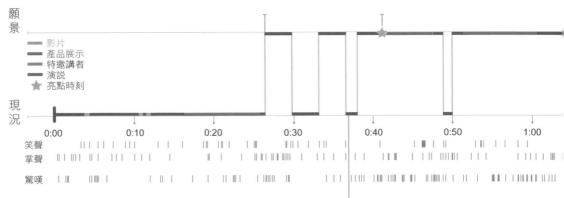

建立現況

賈伯斯以完美的形式建立了現況。他報告了最新的市場狀況以及幾種產品的表現：英特爾處理器的轉換、零售店、iPod、iTunes、Apple TV 等產品。他展示了最新發表的 Apple TV。

創造對比

賈伯斯在演說過程中有好幾次回到現況，他比較 iPhone 的功能與市場上現有的產品，藉以強化這個突破的重要性。

保持觀眾興趣

賈伯斯展示新功能時，不單逐一介紹這些功能，他規畫了很有意思的橋段。每隔三十秒左右，他會跟實際使用者進行手機任務，藉此展現 iPhone 的新功能。他打電話給某位同事的同時，另一位同事正打電話給他。再同時，他檢查語音信箱，然後播放出美國前副總統高爾恭喜他新品發表的訊息。他打電話給星巴克訂購四千杯外帶拿鐵。他在過程中展示各別任務 47 次，讓產品發表會持續吸引人。

新福祉

發表接近尾聲時，賈伯斯將充滿熱忱的觀眾從「現況」移到「未來的可能」，但他並未止步於此。他提醒觀眾蘋果推出革命性產品的傳統，並保證蘋果會再次做到這點。他的結尾為新的開始立下基礎。「昨晚我沒能闔眼，我對今天的發表會感到興奮，蘋果電腦真的非常幸運。我們推出了一些真正革命性的產品。1984 年的 Mac 是經歷過的人永遠不會忘記的經驗，我不認為這個世界會忘記它。2001 年的 iPod 改變了音樂的一切。在 2007 年我們用 iPhone 再次做到這件事。我們非常激動。我喜歡韋恩·格雷茨基（Wayne Gretzky）說過的一句話：『我會抵達冰球的去向，而非冰球到過的位置。』蘋果從一開始就試著做到這點，往後也會一直這麼做。非常感謝各位。」

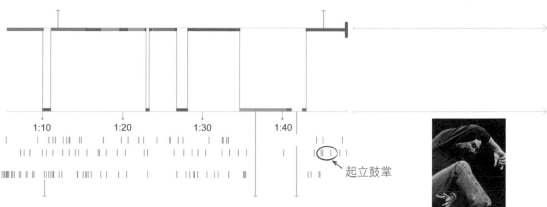

起立鼓掌

讓觀眾驚嘆

賈伯斯運用一些短句營造驚奇感，藉此讓觀眾發出驚嘆。以下是幾個用語例子：「這是最高等級的革命，把真正的網路帶進你的手機！……是不是很棒？……我們真的覺得很酷……我們設計利於你手掌使用的產品，真的很方便……真是太了不起了。」

邀請其他演講嘉賓

賈伯斯邀請了三位嘉賓到場演講，前二位輕鬆把他們的部分講完了，但辛格勒公司（Cingular）／AT&T的執行長照著提示卡，重複已經說過的話，拉拉雜雜講了比他該講的時間更長。太可惜了。

保持靈活

賈伯斯的簡報筆無法運作時，他停下來、露出微笑，在工作人員修理的時間，隨口講了他和史蒂夫·沃茲尼克（Steve Wozniak）中學時用干擾器對毫無戒心的大學生惡作劇的有趣故事。卡曼·蓋洛指出：「在這短短一分鐘的故事裡，賈伯斯展露了他個性中鮮少有人看過的一面。這讓他顯得更人性化、更迷人也自然。他從不會亂了手腳。」

如果簡報結束後能讓人們在茶水間興奮討論不休、登上頭條新聞，或被社群網站注意到，數百萬人突然都看見了你的簡報，是一種很棒的感覺。能被人重複的簡報或演說，都有令人難忘的片段。這些片段不是自然發生的，這些都經過排練與計畫，分析與情感的訴求恰到好處，才能同時吸引觀眾的大腦與心靈。善加規畫簡報中的片段來抓住觀眾，帶給他們一些永生難忘的回憶。

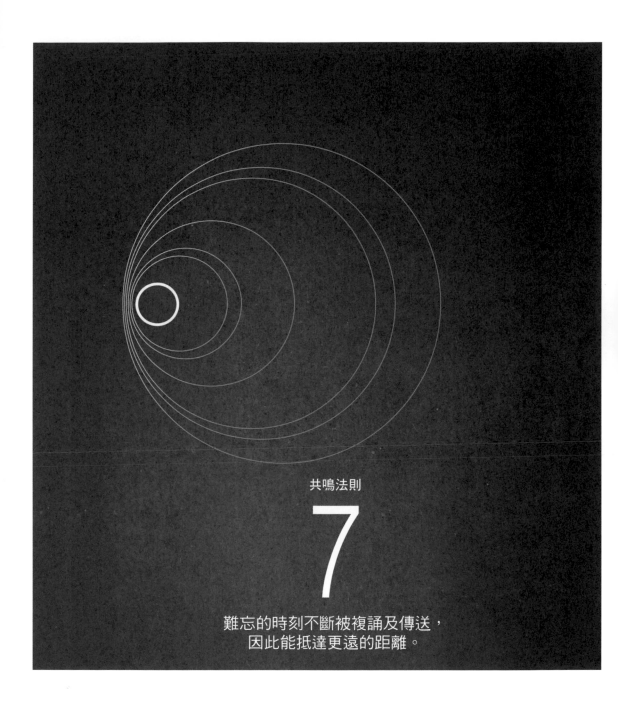

共鳴法則

7

難忘的時刻不斷被複誦及傳送，
因此能抵達更遠的距離。

第 8 章

永遠都有進步空間

增強信號，減少雜訊

簡報向觀眾傳播訊息的方式，跟廣播播送節目的方式十分雷同。因此，訊號的強度和清晰度決定了訊息能多清楚地傳達給預定的接收者。溝通是一個複雜的過程，訊息可能在多處中斷。訊息一旦離開發送者，就容易受干擾與噪音影響，可能使原意變得模糊，損害接收者辨別意義的能力。

溝通包括以下部分：發送者、傳送、接收、接收者、雜訊。訊息在此過程的任一階段都可能失真。你的首要工作是確保傳送訊息的訊號盡可能不受噪音或其他干擾。開發簡報的方式也一樣。過程中的每個步驟不是增強訊號，就是產生觀眾想忽略的雜訊。

我的高科技職場生涯始於1984年，當時我負責銷售客製化的高頻電纜組件。每條電纜都經過客製化設計，以符合各種規格需求。每個工程師和工廠員工的任務，是確保製造過程的每個步驟能夠減少雜訊容限（noise margin），並保護訊號的品質。我們測試原材料，以先進的絕緣電線材料來生產鍍金線端套管。我們在每個階段對每個細節都吹毛求疵，然後發貨前一定測試每個產品。如果產品不在嚴格的阻抗公差範圍內就不能發貨，因為它不適用於我們的客戶。一個小錯誤就能把我們的電纜變得毫無用處。

溝通中雜訊的角色

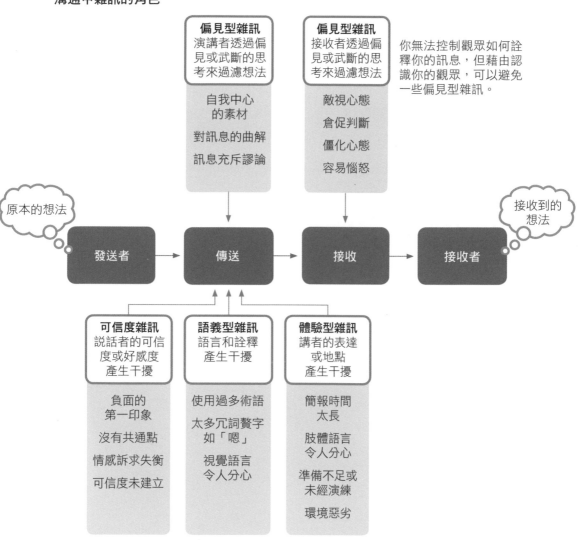

偏見型雜訊
演講者透過偏見或武斷的思考來過濾想法

自我中心的素材

對訊息的曲解

訊息充斥謬論

偏見型雜訊
接收者透過偏見或武斷的思考來過濾想法

敵視心態

倉促判斷

僵化心態

容易惱怒

你無法控制觀眾如何詮釋你的訊息,但藉由認識你的觀眾,可以避免一些偏見型雜訊。

原本的想法

發送者

傳送

接收

接收者

接收到的想法

可信度雜訊
說話者的可信度或好感度產生干擾

負面的第一印象

沒有共通點

情感訴求失衡

可信度未建立

語義型雜訊
語言和詮釋產生干擾

使用過多術語

太多冗詞贅字如「嗯」

視覺語言令人分心

體驗型雜訊
講者的表達或地點產生干擾

簡報時間太長

肢體語言令人分心

準備不足或未經演練

環境惡劣

創造出色的簡報也是如此。訊號與雜訊比例是人們能多清楚接收到訊息的重要關鍵，而你的工作就是把雜訊降到最低。如果觀眾接收到帶有干擾的訊息，這些訊息便會失真。你必須費心降低溝通過程中每個步驟的雜訊，以確保把清晰無誤的訊息傳達給觀眾。

　　可能干擾訊號的雜訊有四種主要類型：可信度(credibility)、語義型（semantic）、體驗型（experiential）和偏見型（bias）。上一頁圖中顯示溝通的各種雜訊發生在哪裡。你的職責是在過程的每個步驟把雜訊降到最低。

　　本章接著探討產生雜訊的部分因素。精心的計畫與演練可以減少或消除雜訊。

如何留下正面的第一印象？

有句老話說得沒錯：你永遠不會有第二次留下第一印象的機會。但說笑話或做作的破冰活動真的是開始簡報的好方法嗎？

在簡報開始前，先做一些具創意的選擇。你希望觀眾體驗的第一件事是什麼？你希望他們對你的第一印象是什麼？你的開場介紹應該讓他們產生什麼心情？這些選擇不僅取決於你說的話，演講廳的類型、燈光、播放的音樂、椅子上擺放的物品、螢幕上投射的影像、你穿的衣服、你如何進場等等都會影響心情。

無論你多希望觀眾喜歡的是你的想法而非外貌，但他們對你的第一印象（至少有一小段時間）取決於他們眼睛所看到的。**在最初的幾秒內，人們會在腦中分類你，並判斷他們是否能與你產生連結。**

亞里斯多德反對第一印象影響觀眾如何感知內容的有效性。他說：「信任應該由演講本身來創造，而非取決於講者是哪種人的先行印象。」但在古希臘，演說非常精細，遵循諸多規則，反觀當今多數的觀眾可能比較膚淺，會以最初關鍵的幾秒鐘來判斷你。

害怕「被評判」讓很多人不敢公開演講。但其實你有能力塑造觀眾對你的第一印象。不要自己嚇自己。在你開始簡報（演說）之前，如果你能聽到觀眾心裡在想些什麼，可能會讓你大吃一驚。隨著社群媒體的出現，你可以看到並寬慰地發現，評論的內容有多麼膚淺和無意識。以下是等待簡報（演說）開始

前觀眾們實際發出的評論：「在一個擠滿社交無能者的演講廳裡喝熱咖啡的結果，就是我的手被燙傷了。」、「我希望女廁不用排隊。」、「我希望他上次演講後有去參加國際演講協會的訓練。」、「噢，天啊，今天早上我報到時錯過了含羞草雞尾酒。」

是的，以上就是你上台演說之前觀眾們的想法。他們的期望值其實不高，而且都專注在自己身上，因此想讓這些傢伙留下難忘的第一印象並不難。

第一印象不需要太戲劇化或太花俏，只要透露出你的性格、動機、能力以及弱點即可。你希望觀眾「穿上你的鞋」（以你的立場思考），但他們甚至不知道自己喜不喜歡你，更別說你對鞋子的品味了。因此，建立你這個人是誰，以及你的好感度極度重要。

請注意，進入演講廳之前，觀眾對你的第一印象已部分形成了。請思考在該簡報之前發送出的溝通形式。你的邀請函看起來怎樣？你的議程如何安排？你電子郵件的用字遣詞如何？你的個人履歷（自傳）怎樣寫？這些實際簡報前的互動將營造真實的第一印象。請確認你已做出適當的安排。

成功的第一印象將以觀眾能認同的方式介紹出你和你的訊息。人的天性讓觀眾會拿自己跟你做比較，尋找你們之間的相同處和相異點。請在觀眾打量你的時候，讓這些異同處清楚可見，好讓他們快速通過這個階段。請在自己和他們之間創造出共同的認同。

觀眾會憑藉你首次呈現的樣貌，判斷關於你的很多事。

在杜爾特設計公司主持自己上一本書《視覺溝通》的工作坊時，我想盡辦法在早上九點工作坊開始之前，先做完一大堆事。我衝進講

廳、測試投影機、再次檢查文件,然後忙著弄當天的材料。我很忙、心煩意亂,而且緊張兮兮。那些早到的可憐觀眾都清楚得到這個訊息:「我很忙,而且正在你們抵達之前努力塞進一堆工作。」我注意到群眾對我並不是很熱情,或很樂於接受的樣子。

後來,我參加了一個由我的朋友——《簡報禪》作者賈爾·雷諾茲主持的工作坊。他在簡報之前,愉快且全心投入地走進講廳,跟大家握手、詢問參加者問題。他設定的基調跟我截然不同,是那種觀眾認為他可以把所有的時間騰出來給他們。一轉眼間他成為輕鬆又溫暖的講者。雖然我們講的內容很相似,但他開口吐出第一個字之前,已經成功馴服了觀眾。我沒能做到這一點。

這是我「你覺得我有時間聽你說這個嗎?」的形象。

這是我「無時無刻都樂於為你服務」的形象。

從你的高塔跳下來吧！

你是否聽過這種簡報：講者看起來超聰明，但你一點也不知道他在說什麼？

多數高度專業化如科學與工程學相關領域，使用的詞彙日新月異，該領域的專家很熟悉這些詞彙，但非該領域者則往往摸不著頭緒。**新事物發展迅速，新領域每週衍生大量新術語。如果你是某領域的專家，你不能認為大眾跟你同步。**向非專業人士演說時，使用高度專業的術語，不但會阻礙你努力的成果，甚至可能減少你從觀眾那裡獲得的協助，最重要是觀眾聽不懂你在說什麼。你需要調整自己的語言，讓用語跟可能的合作者與資助者產生共鳴。

專家們在掌握新詞彙之前，用的也是普羅大眾的共通語言。但他們鑽進狹小領域的同時，專業術語和行話也隨之而來。就像最初建造巴別塔（Tower of Babel，《舊約聖經》創世記中的故事）的人類一樣。一開始，他們講一致的語言，但由於人類太過驕傲，他們的語言開始混亂，人們也分崩離析。

向廣大的觀眾演說時，你要回到共通且統一的語言，這樣觀眾才不會因混亂而分散。儘管專業術語聽起來聰明（是的，用了不起的聰明才智讓其他人大惑不解），但可能阻礙觀眾接受你的想法，尤其是一群不像你這麼專業的群眾。

> 「用術語說話本身就是懲罰。社會重視的是非內行人才懂、非胡說八道般讓人難以理解的言談。說話說到讓人家聽不懂，不但可能害你丟掉工作，更可能讓你無法施展長才。」
>
> 卡曼・蓋洛

如果你的想法需要使用特殊術語，你必須有所準備，把這些用語翻譯成外行人也能理解的說法。你必須知道如何轉換、何時轉換專業用語與通用語言。不要選擇觀眾理解詞彙以外的用語。請根據觀眾使用的語言，量身打造你的用語。

偉大的諾貝爾生理學獎得主芭芭拉‧麥克林托克（Barbara McClintock）早在1940年代就發現基因負責開啟或關閉生理特徵。然而，由於溝通風格使然，他突破性的研究發表引發各方懷疑，直到1970年代才被完全理解。麥克林托克具有生動的內在願景，以及連珠炮般的表達方式。他常來回跳躍，從微觀察、模式、結論到結果，可能全在一句話內講完。大多數觀眾並未充分準備，也可能懶得努力理解他傾瀉而出的數據。他溝通方式害他的發現被雪藏多年！

術語不僅限於某些專業的職業。許多好的想法消失無蹤，都是因為無法引領自身的組織。同一個組織的不同部門經常使用不同的術語，造成內部理解上的混亂。在一些會議中，縮寫（acronyms）甚至用得比真正的用語還要多。

除非觀眾想理解，否則根本不可能接受你的想法。**你想法的價值在別人眼中，不僅是想法本身，更在於你如何溝通這種想法。**

創世記中的巴別塔

簡短為上策

　　簡報會失敗，往往因為訊息太多，而不是太少。不要在觀眾面前炫耀似地發表自己知道該主題的所有資訊，在正確的時刻向特定觀眾分享對的訊息就好。美國已故總統林肯僅用278個單字寫成了他的〈蓋茲堡演說〉，並且在短短兩分鐘內說完。這個演說是史上最短、卻被公認是最偉大的演講之一。

　　該演講的目的，是為蓋茲堡墓園致詞並悼念美國內戰的亡者。當時的悼詞家一般會講上好幾個小時，但林肯致詞實在結束太快，講完時攝影師還在架設器材，因此未拍下他當時演講的照片。

　　大多數人甚至不知道林肯不是那天的主講人。主講人之一的愛德華‧艾佛特（Edward Everett）將舞台分享給林肯，自己以傳統風格致弔辭，整整花了兩小時讚頌士兵的美德。演講的第二天，林肯收到艾佛特寫的一封短信，稱讚其演講「有力的簡潔與恰當」他說：「如果我兩小時的演講能接近該場合的中心思想，與你兩分鐘內就達成相比，我就該感到高興了。」

　　林肯有兩小時的時間，卻只花了兩分鐘，這迫使他必須將中心思想講清楚。林肯的演講雖短，仍涵蓋了簡報格式的要素。他探討了現況：指出歷史性的國家價值、當前的戰爭局勢、該集會的目的。他聲稱觀眾不能在該場地奉獻或祝聖，雖然這是他們原本來這裡的目的。他的說法讓觀眾大吃一驚。接著，他提出了行動呼籲：民眾要下定決心不讓亡者白白死去，緊接著描述自由國家的新福祉。

新福祉
我們應該獻身於眼前未完的
大業。從那些已逝的光榮亡者
之處,我們應肩負亡者鞠躬盡瘁奮
力一戰的理念

我們下定決心使他們的血不會白流

這個國家將在上帝的保佑下,得到
新生的自由,這個民有、民治、
民享的政府將永世長存。

行動呼籲

現況
87 年前,基於對自由的堅信,
以及人皆生而平等的信念,我們的
先輩在這片土地上建立了一個新的
國家。

當下我們被捲入一場偉大的內戰,考驗著
這個國家,以及任何堅信及奉獻於此的
國家是否能永續長存。今天,我們在
戰爭中的一處大戰場相聚。我們在此
把這個戰場的一部分獻給那些為了
國家存續而犧牲的人,做為
他們的安息之所。我們這麼
做是理所當然的。

願景
然而,從更廣泛的意義上,
我們已無法奉獻、無法祝聖、無
法聖化這塊土地。那些於此奮戰的英
勇之士,無論生死,已聖化這塊土地,
遠超過我們卑微之力所及。這個世界對
我們今天所說的話不會多加留意,也
會不長久記憶,但他們所做之事,將
長存於世人的記憶中。我們生者應
獻身於在此奮戰人們未竟的事
業。他們的志業至今已取
得偉大的進展。

幫助你保持簡短的方法之一,即為限制發言時間。強迫自己在較短的時間內講完,不得不力求簡潔。如果他們給你一小時的簡報時間,請把目標設定為四十分鐘。時間的限制會逼出清楚的結構,以及過濾縮減的過程,只留下最重要的訊息。

> 「如果我要演講十分鐘,需要準備一星期;如果我要演講十五分鐘,需要準備三天;如果我要演講半個小時,需要準備兩天;如果我要講一個小時,現在就準備好了。」
>
> 美國第二十八任總統伍德羅・威爾遜(Woodrow Wilson)

擺脫投影片的束縛

你在簡報中所使用的任何投影片，應該做為舞台設置或背景的一部分，不應該成為訊息唯一的焦點。你才是傳遞訊息的人，不是投影片。**人一次只能處理一種進入訊息。他們只會聽你講話，或閱讀你的投影片，沒辦法同時做兩件事。**

當你打開投影片的應用程式來創建新投影片時，程式所提供的預設格式其實適用書面報告。如果你用文字填滿預設的範本，那麼觀眾會需要二十五秒來閱讀投影片。由於他們無法同時閱讀並聽你說話，因此，如果你把四十張投影片乘以二十五秒，觀眾將在你做簡報時閱讀長達十六分鐘以上，完全沒辦法聽你說話。

先規畫好簡報的架構，這樣你就能確保時間不會拖得太長。一個面帶挫折的講者講了五十五分鐘後說：「天啊，時間怎麼過那麼快？我還有四十三張投影片要講，大家撐著點。我會在接下來的五分鐘內把它們講完。」這會讓觀眾坐立難安。如果你在規畫簡報結構時以時間框架為基礎，就能確保在時間限制內講完。

正確的投影片數量應該是多少？簡報的投影片沒有確切的「正確」數量。這取決於講者的傳達與節奏。所以，答案是「你傳達的觀點需要多少張，就用多少張。」好萊塢電影的場景和故事分析人員遵守的原則是，不讓一個場景超過三分鐘，以免觀眾失去興趣。

三分鐘！這還不論觀眾每三分鐘失去興趣的可能性也很高，更糟的是，你

沒有好萊塢大片一億美元的預算。由於簡報媒介比電影更靜態，因此不要在同一張投影片上停留超過兩分鐘。另外，頻繁改變視覺效果有助於吸引觀眾的注意力。

大多數的簡報投影片每張都有好幾個重點——這成了文件，不是投影片。如果你選擇每張投影片只放一個想法，那麼你的投影片可能會比一般看到的多，這也沒有關係。

我有一次受邀在某午餐會上演說四十五分鐘。主辦者要求我在三十天前提交投影片，因此我精心編撰訊息、進行排練，然後提交了一百二十八張投影片檔案。

演講的一週前，我接到了主辦者的電話，告訴我演說要縮短到二十分鐘，並請我重新提交投影片。因此，我進行了縮減、重新排練，並把時間控制在二十分鐘。演講當天，主持人提醒我「因為大家喜歡問答的部分，所以要我在四十五分鐘內講完」。我震驚的告訴他，他們已將我的演說縮短至二十分鐘。「不，你有一個小時的時間。我們告訴你二十分鐘，只是因為你的投影片太多了，我們認為你會超時。」我在心裡大喊：「我是靠做簡報混飯吃的！」但我外表上只是笑笑地說，「這樣的話，觀眾會有四十分鐘的問答時間。我希望他們的問題夠多。」

簡報內容的縮減

投影片上的內容密度有範圍限制。觀眾處理訊息的字數以及他們耗費的時間，決定了你創造的是一份密密麻麻的文件，或是投影到螢幕上的真正視覺輔助工具。

你的目標是避免做出投影文件，好好地做一份簡報。只在投影片上放有助於觀眾記住訊息的要素。把大量的短句和正文縮減為一個字。簡化你的投影片，讓觀眾能在不到三秒鐘的時間內消化完。盡可能把文字從投影片上拿下來，放到備忘錄的部分。你想放多少資訊在你的備忘錄都可以。

接著播放投影片時，你眼前的電腦上放出你的備忘錄內容（設置簡報者檢視畫面），把面前的筆記型電腦當成提詞機使用，但你後面投影給觀眾看的是清晰又易於理解的投影片。這樣你就不會出錯了。

視覺輔助工具
只投影出能幫助觀眾記住訊息的素材。

提詞機
把電腦當做提詞機，展示備忘錄部分。

聽了我請大家盡量刪除投影片內容的建議後，許多人的反應是：「但是我老闆希望那些直接向他報告的下屬，都能針對各自的計畫，寄五頁的概要投影片給他。如果我製作文字稀疏的投影片，他可能不明白我們的工作進展。」如果是這樣，老闆要的不是簡報而是文件。因此，你可以盡量把所需的文字塞進該份投影片，讓內容清楚明白。換句話說，你在做簡報時，投影片的文字要盡量少，但在提交文件時，文字就需要詳盡。

　　被正確使用的投影片，就像舞台上的舞伴一樣，與講者合作無間。一個從這個方向來，一個從那個方向走，二者都為另一方貢獻了舞台的存在感和巧思。不斷配合投影片做練習，直到你跟它們融為一體為止。

平衡簡報的情感訴求

具說服力的簡報應適當地平衡分析與情感上的訴求。

本書用了許多篇幅強調創造情感訴求，不是因為情感訴求比較重要，而是因為情感在簡報中未被充分利用或根本不存在，然而簡報「必須」融入情感訴求才對。簡報具有充分的情感訴求後，再繼續探討如何妥善運用這種情感訴求。

有些主題本質上就帶有情感色彩，例如槍支管控、種族歧視或墮胎，因此自然會引發較多情感上的爭論。另一方面，科學、工程、金融、學術界這類的主題必然帶有分析型訴求。不過，簡報的重點較偏重分析型內容，並不代表要不挾帶任何情感。

大家常問的問題是：「當我向一群經濟學家簡報時，應該帶入多少情感？」（你可以將經濟學家一詞替換為分析師、科學家、工程師或研究人員等）有些人選擇這些職業的原因，是基於他們的分析天性。如果你知道某觀眾群的職業屬於典型的分析型，那麼你可以只帶入一小部分的情感訴求，但不要全然不提。你至少可以用「為什麼」來開始或結束簡報。很多時候人們從事經濟、科學、工程或研究的原因是帶有情感成分的。不要完全不提，但也不要過度使用情感。

英文中除了道德（ethos）、情感（pathos）、邏輯（logos）這些源自希臘文詞彙外（請參見第130頁），還有一個單字karios，意味著「時機」或「及

時性」：在正確的時間點以正確的方式講話。為了做到這點，你必須了解簡報的場景，進行多方查證後，在必要時調整情感與分析的平衡、調整簡報內容。

請記住，生活大小事都應該適度，包括情感訴求在內。情感不應該被過度強化。如果你過度強調情感，觀眾會感覺有人意圖操縱自己。訴諸情感只有在加強論點的情況下才有效。創造適當的平衡會讓你非常吸引人，而失衡只會降低可信度。請依照觀眾的需求來調整簡報，根據情況增加或減少情感或分析內容。

	廣泛的觀眾	分析型觀眾
反應模式	發自內心的	理智的
架構	故事取向	報告取向
對情感的反應	接收型	懷疑型
運作器官	心臟、腸道、鼠蹊部	大腦

不要把下方的修辭三角看成是靜態的，覺得必須均勻填入各種訊息才能達到各方的完美平衡。相反地，請把它看成動態的，你必須根據情況調整情感訴求。如果你要對廣泛的觀眾群講著情感豐富的主題，那麼請別一頁頁的講述那些分析研究。稍微控制一下那些花腦力的素材。但對著一群狹小分析領域的專業觀眾演說時，你就需要強調分析內容。請注意右頁最後一個三角形中，失衡的訊息會如何降低你的可信度。

分析與情感的可信度平衡

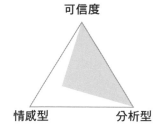

高度分析型的觀眾不喜歡講者過度撥弄他們的心弦。他們會將其解釋為一種操縱行為，以及浪費不必要的時間。但這些人也是人，人類都會在乎、喜歡笑、可以被感動。因此，除非訊息以過度誇張的方式呈現，否則在簡報中納入能改變生命的素材絕對可以激勵他們。

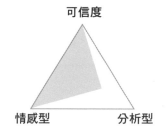

情感型的觀眾不喜歡過度使用事實與細節。他們希望講者已經仔細思考過這些細節，也可能連二十張關於這些細節的投影片都不想看。他們需要的是一些足以證明的論點。例如，相較於解釋產品如何運作的複雜內部構造圖表，銷售團隊會對獎勵計畫更加熱情。

太偏向情感訴求或分析訴求都可能傷害你的可信度。即使你是世界上最夠格的講者，但演說時太過怪異或太情緒化，都可能在你和觀眾之間形成一道鴻溝。

請注意前兩個三角形中，講者的可信度都是完好的。這是因為簡報在觀眾群中達到了適當的平衡。

與誠實的評論家一起彩排

我們的文化已成為初稿文化。寫一封電子郵件、發送。寫篇部落格、發文。寫完簡報、上台做簡報。精心編寫然後修改到好的過程，正在溝通文化中消失。

任何東西的初稿都是狗屁。

美國大文豪海明威（Ernest Hemingway）

創作者很容易堅持自見，因此，最好有另一雙眼睛和耳朵幫你檢查。獲得回饋最好的方法，是在簡報前舉行「聽審會」來測試你的訊息。這個「聽審會」應該過濾掉任何不妥的結構、不夠流暢的訊息和令人困惑的用語。

請保持開放的心態來參加這個聽審會，你要做好心理準備，自己需要重新整理並修改已花不少時間投入的內容。沒人會在第一次審核聽到：「內容沒有任何需要改的地方。」無論你先前有多努力，這個階段都需要修改一些東西。原本的訊息是從你的觀點創建而來，只要你願意接受他人的回饋，就可以提高其他人對你素材的接受度。這場聽審會應該要有影響力並且能夠完善你的簡報。

康韋定律（Conway's Law）指出：「設計出

給測試觀眾一個安全的環境來回應他們心裡真正的想法。

某系統的組織，都難以避免製作出結構雷同於該組織溝通結構的縮影。」換句話說，組織產生的溝通品質，本身就受限於該組織。基於這個原因，**簡報的品質無法超越先前規畫過程的品質**。因此，你可能需要到組織外，尋求一個能給你誠實且有益建議的團隊。

請讓自己脫離那些只講好話或機能不濟的審查環境。相反地，召集一個與你目標觀眾背景相似的小組。他們可以是你產業的人士如分析師、內部員工、可信賴的客戶或提出問題的焦點小組（focus group）。選擇那些會說不、會仔細審查、批評並挑戰你觀點的人。你希望簡報後他們會誠實說出各自的看法。

每個審查人員都應該有一份印出來的簡報投影片和筆記，以便迅速寫下對你用字與視覺呈現的想法。先把整個簡報走過一次，再仔細回顧每個部分。一次札實的審核會議應該比簡報本身長三倍。舉例來說，如果你的簡報是二十分鐘，每次審核應該耗費一小時。如果你的簡報要一小時，審核則應進行三小時。

給測試觀眾一個安全的環境來回應他們心裡真正的想法。放下防禦的心態，請他們給你意見，並讓他們挑戰所有的假設，鼓勵他們說出簡報是否能引起他們的興趣。

不要忽視這些審核員的看法，或者是忙著說「是這樣沒錯，但是……。」、「如果他們真的知道……」等藉口。真正的傾聽，納入他們的看法。接著，重新整理你的簡報素材。審核簡報可以幫忙除錯，拿掉可能無意間造成的問題或讓觀眾誤解的內容。

下一頁的圖是負面組織系統如何讓你的溝通品質受到限制。如果你在這類的溝通環境工作，請到組織外尋求對你的簡報誠實而有建設性的意見。

主管失職：領導者太晚介入，迫使團隊在時間緊迫下低品質輸出。

政治疑慮：因為害怕惹禍上身，沒人敢做出進步的決定。

訊息空洞：在沒有策略的情況下，虛構的訊息成為常態。（請參見第243頁）

欠缺遠見：其他觀點毫無生存空間，相關主題專家沒有參與決定的權利。

領導不力：優柔寡斷的領導方式與傾向奉承的共識阻礙了策略發展。

冷落客戶：把自我聚焦的溝通，看得比客戶的意見還重要。

案例研究

馬可斯·柯維特博士——先鋒獎得主
（Markus Covert, PhD）

由美國國立衛生研究院（National Institute of Health）資助的先鋒獎（Pioneer Award）吸引數千名美國的頂尖科學家申請。獲獎者提出的通常是高風險、高回報的想法，能改變醫學研究的執行方式。入圍決選者會前往馬里蘭州進行十五分鐘的簡報，然後緊接著是十五分鐘的問答。簡報對象是一群可能是、也可能不是同一研究領域的頂尖科學小組。這也意味著講者提出的想法必須讓任何領域的科學家都產生共鳴才行。

史丹佛大學生物工程助理教授馬可斯・柯維特博士2009年獲得了二百五十萬美元的獎助金。他堅信自己投入簡報的回饋以及練習，是他雀屏中選的原因。

柯維特在簡報中的所有內容都必須證明假設是正確的，並且需要獲得資助。他需要談最重要的大方向，但也需要深入探究一些細節來證明自己博學多聞。柯維特挑戰了長久以來的科學傳播傳統，在簡報中融入了情感訴求。他希望簡報的基調除了有教育意義，還能啟發人心，這是是勇敢、違背大腦科學傳統的挑戰。因為在簡報中加入內心層面是違反直覺的做法，但他知道即使是一丁點的情感訴求都會有很大的幫助。所以，他不只把重心放在「怎麼做（執行上）」，而是以「為什麼」他的計畫會改變科學研究來做結語。

柯維特知道自己的做法風險頗大，因此他與不同領域的科學家一共進行了二十次不同的排練。整整二十次。他遵循自己科學的天性，一遍又一遍系統化的講述給不同背景的科學家聽，蒐集他們的回饋意見，然後修改簡報來反映他們的見解。有時候要刪除自己喜歡的內容、納入其他素材是很掙扎的過程，但是柯維特保持謙遜，決心接受並落實這些回饋。

他一直排練到第十九和第二十次時，才得到「不要再更動任何內容了，現在很完美！」的回饋。經過多次排練，他知道簡報素材和傳達方式，一切都恰到好處了。

科學能啟發人心之處所在多有。發自內心的熱情經常埋藏在事實和證據中。然而藉由在簡報中納入情感訴求，並且排練到恰如其分，最終讓柯維特贏得獎助金。現在他可以在實驗室裡追求自己的熱情，不必去煩惱資金從何而來。

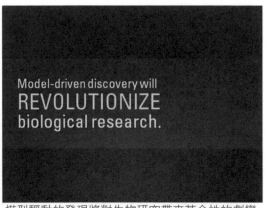

模型驅動的發現將對生物研究帶來革命性的劇變。

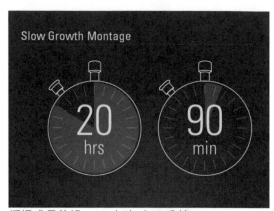

緩慢成長剪輯　20 小時／90 分鐘

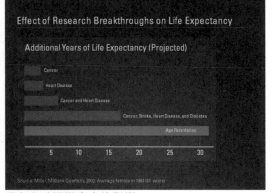

研究突破預期壽命的影響
壽命增加的年數（推算）
* 癌症
* 心臟病
* 癌症與心臟病
* 癌症、中風、心臟病、糖尿病
* 延緩老化

柯維特在簡報投影片上運用極簡設計。許多科學簡報會把投影片塞滿各種數據。他的投影片呈現完美平衡。

　　小記：柯維特用他的獎助金來追求生物學的聖杯，有人稱為「終極試驗」——建立電腦程式模擬整個細胞。如果成功，他的研究將徹底改變我們對疾病的理解與治療。

案例研究

李奧納德·伯恩斯坦——青少年音樂會

「最初我作曲的原始動力是對溝通的渴望,而且盡可能和人溝通。因為我愛這個世界與生活中的人,我喜歡人,就跟喜歡音樂一樣,甚至更多。基於熱愛,我強烈想與人分享我的感受、我所知,以及我所想。」

紐約愛樂交響樂團前指揮　李奧納德·伯恩斯坦

　　李奧納德·伯恩斯坦是位才華橫溢的作曲家、指揮、鋼琴家、老師、艾美獎得主暨電視名人。他喜歡談論音樂,對所有人都一樣,包括朋友、同事、老師、學生甚至是兒童。伯恩斯坦獨一無二的才情和機智使他成為音樂最佳的發言人。美國的《綜藝》(Variety)雜誌總結他的吸引力:「紐約愛樂樂團的指

揮有著大師的天賦，又有詩人的感受。」伯恩
斯坦的神奇之處，在他知道如何吸引人們的注
意力並保持下去，每次高潮之前給出恰到好處
的新訊息。」

伯恩斯坦孩童照。

在伯恩斯坦所有的成就中，帶領青少年音
樂會（Young People's Concerts）是他最自豪
的成果之一。每年美國卡內基音樂廳都會坐滿
前來學習古典樂的兒童。伯恩斯坦在這場音樂講座教育兒童複雜音樂理論時，
可以吸引他們的注意力長達一個小時以上。**這些講座音樂會成功的原因在於，
伯恩斯坦對兒童投注的精力和紀律，就跟他投入音樂一樣多。** www

伯恩斯坦的解釋、類比和隱喻總以簡單清楚卻又富詩意的方式呈現，而且
始終維持在兒童能理解的程度。他把音樂層層分解、說明背後的理論、在鋼琴
上演奏節選片段，並讓音樂家用各自的樂器演奏一部分。接著，當他們一起演
奏完整的樂曲時，這些兒童就能清楚了解其中許多細微的差別。

**以下是最難解釋的音樂主題之一「什麼是交響樂？」的三段摘錄。伯恩斯
坦以兒童熟悉的事物做比喻：**

- 「交響樂曲實際上怎麼運作？它有三個主要階段，正如火箭飛上太空的三步
  驟。第一階段是簡單的想法誕生。就像花從種子裡長來一樣。舉例來說，你
  們都知道貝多芬在他的〈第五號交響曲〉（*Symphony No.5*）開始時所種下的
  種子，「噹、噹、噹、噹」。從裡面開出一朵這樣的花。」（開始彈鋼琴）

- 「〈布拉姆斯〉（*Brahms*）把二到三個旋律放在一起，再把旋律的片段像

翻煎餅一樣上下顛倒。但不是真的上下顛倒，而是聽起來就像精采的上下顛倒。聽起來很美嗎？這就是〈布拉姆斯〉之所以傑出的原因。音樂不只是變化而已，還是種很美的變化。」

- 「我希望你們能用新的耳朵去聆聽，聽到交響樂的神奇，聽到樂曲的成長以及生命奇蹟，就像血液流過血管，串起每個音符，共同構成一首偉大的樂章。」

很少觀眾知道伯恩斯坦花了多少精神在他的演說上。他善於表現出一派輕鬆的樣子，演說看似毫不費力、自然而然表達。事實上，他很努力地修改講稿。早在音樂會的數週前，一直到音樂會開始的最後一刻，他的辦公室、家裡、更衣室到處都是他和團隊寫了又寫、規畫並排練過的稿紙。

伯恩斯坦先在黃色筆記本上寫下產生的想法，然後跟他同樣敬業的同事合作，一直到寫出優美而易懂的講稿為止（下一頁圖）。團隊會確定他用的比喻和寓言適合觀眾，而伯恩斯坦多次瀏覽講稿時，會在稿上標記並加以排練。

伯恩斯坦和團隊不斷編輯講稿，直到他走上舞台為止。每場演出結束後，他們會觀看演說的錄影，評估表現，好在下一次改進。他會確認自己能改善哪些地方，以防再犯同樣的錯誤。就像所有優秀的指揮家回顧自己演奏會一樣，伯恩斯坦把這種做法也運用到演說上，好讓每次演說都比上一次好。

指揮家們有一套嚴格的排練流程，因此多次修改稿子並不是陌生的事。他們讀樂譜的方式就像多數人看書一樣。翻閱伯恩斯坦的樂譜就像觀看他排練一樣。他多次研究並檢視樂譜，努力表達作曲家的原意。他讀樂譜時會用一支特殊的鉛筆，他稱為「紅藍筆」（一端是紅色，另一端是藍色）。看樂譜的時

候，他會把鉛筆來回翻轉，從身為指揮家的角度或從個別音樂家（觀眾）的角度來思考音樂的表達。

　　藍色標記是伯恩斯坦的指揮標記，用來辨別音樂斷句、樂器提示和重點。紅色標記是為音樂家們寫的筆記，會轉送給樂團各個特定演奏者。這些標記特別有趣。伯恩斯坦是位十足文學味的指揮家，他不僅要演奏者注意標記，還會詩意地描述他希望音樂家感受到的情感。在紐約愛樂樂團演奏法國號多年的約翰・塞米納羅（John Cerminaro）說：「你不能只看頁面上的筆記獨奏，伯恩斯坦每次都希望在情感層面上有些特別的東西。」

伯恩斯坦投注於樂譜的排練精神，就像他投注於自己的演說一樣多。

　　伯恩斯坦在排練和修改演說講稿時，會試著預期所有的事情。他精心編寫每個用字，以及觀眾可能的反應。他會寫出呈現不同反應的講稿，根據觀眾對

譯文：
伯恩斯坦（接上頁）
在音樂中，作曲家可以用很多方式營造驚喜，觀眾期待輕柔音樂的時候，把它弄得很響亮，或者反過來。作曲家可以突然停在一個樂句的中間，可以故意寫錯一個音符，一個你沒想到、不屬於那段音樂的音符。我們可以試試看，好玩而已。
你們都知道那些蠢音符……
（唱歌）：「刮鬍子與剪頭髮 25 美分」

好，現在你們唱「刮鬍子與剪頭髮」，然後管弦樂團會回應你們最後兩個音符，我們來看會發生什麼事。
（管弦樂團展示）

（如果觀眾不笑）
你看，你們沒有大聲笑。

（如果觀眾笑了）
大部分人都不會對音樂的笑話發笑。這就是音樂幽默的特色：你只會在心裡笑。不然你就沒辦法聽海頓的交響曲了：笑聲會淹沒音樂。但那不代表海頓的交響樂不有趣。」

（接下頁）

以下「音樂中的幽默」摘要可以看出伯恩斯坦和他的團隊計畫有多周全。

22

BERNSTEIN (CONT'D)

In music composers can make these
surprises in lots of different ways - by
making the music loud when you expect it
to be soft, or the other way around; or
by suddenly stopping in the middle of a
phrase; or by writing a wrong note on
purpose, a note you don't expect, that
doesn't belong to the music. Let's try
one, just for fun. You all know those
silly notes that go -
SING: SHAVE AND A HAIRCUT - 2 BITS

O.K. Now you sing "Shave and a Haircut",
and the orchestra will answer you with
"2 bits" and see what happens.
ORCH: ILLUSTRATE

(IF NO LAUGH)
Now, you see, you didn't laugh out loud.
(IF LAUGH)
Now most people don't laugh out loud about
musical jokes. That's one of the things
about musical humor: you laugh inside.
Otherwise you could never listen to a
Haydn symphony: the laughter would drown
out the music. But that doesn't mean a
Haydn symphony isn't funny.

ag   (MORE)

前一點可能產生的反應再寫出其他的部分。他甚至會註記舞台上要站在哪個位置、什麼姿勢。紐約愛樂樂團的檔案資料有高達十次修改的講稿（除了他自己黃色筆記本上的修改外），反映出伯恩斯坦思考過程和排練的周密。

伯恩斯坦在1968年寫出他對青少年音樂會的感想，這段話可以代表他的信念：「這些音樂會不僅是音樂會而已，還有數百萬人在電視前觀賞。」他寫道：「從某種意義上，這是我身為指揮家、表演者的精髓所在。不管我有無發言，心中都存著潛在的教育成分，想把我製作的每個節目變成話語。我的表演動機一直是分享對音樂的感受、知識或推斷，提供想法、歷史觀點，並鼓勵音樂的交集。從這個角度來看，青少年音樂會讓我的夢想成真，尤其是與青少年分享他們的熱切、不帶偏見、好奇、心態開放與熱忱。」

無論你的主題是什麼，熱情和練習都可以讓成果臻於完美。

練習確實能讓成果更完美，某種程度上，沒錯。有一句老話說：「一個人在話語上沒有過失，他就是個完人。」但沒有人是完人，人總有進步的空間。因此要堅持事先做好準備。排練再排練，然後尋求回饋意見。如果有錄影，看過畫面後再重新修正。

成功者都習於規畫和準備。不管是什麼職業，想成功都需要紀律和精熟技巧。把相同的紀律用在溝通的技巧上，不但能吸引觀眾傾聽你的想法，更能精進你的專業發展。

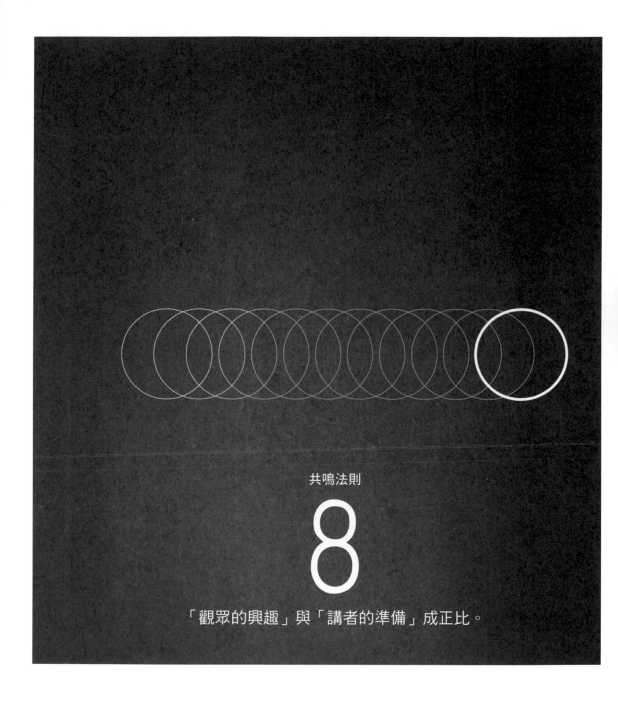

共鳴法則

8

「觀眾的興趣」與「講者的準備」成正比。

第 **9** 章

改變你的世界

改變世界不容易

　　如果你說「我對某事有些想法」，你真正的意思其實是，「我想以某種方式改變世界」。「世界」究竟是什麼呢？世界是我們祖先所有想法的總和。環顧你的周圍。你的衣服、語言、家具、房屋、城市和國家都源自某人心中的願景。你的食物、飲料、交通工具、書籍、學校、娛樂、工具和設備都來自於某人對世界現況的不滿。人類喜歡創新，而創新始於改變世界的想法。

　　對自己的想法保持熱情與堅持，意味著部分的你必須對現狀有所不滿。有時候你必須有足夠的決心把聲譽置於險境，以便推動那個想法。孤獨地去外頭接觸他人，談論你熱情支持的產品、哲學或理想是件可怕的事。有些人會提出質疑，有些人則是直接拒絕，這是條艱辛的路。社會並不會獎勵被拒絕者，但會獎勵那些在被拒絕後仍然堅持不懈的人，所以不要放棄。

　　丈夫和我喜歡蒐集巨幅復古海報。有次跟孩子一起度假時，我們逛到一間海報商店。海報商戴著白手套，仔細翻過一張張桌子大小的海報。當他翻到右上方那張海報時，我的兩個孩子倒抽一口氣說：「天哪，媽媽。那是你！你一定得買那張海報。」嗯……他們這樣覺得是件好事嗎？

　　那張海報是以前法國烘焙香料的廣告。烘焙香料！海報中的女性激昂的推銷一系列的香料，畫面令人莞爾。如果把他的香料換成「高效簡報」這幾個字的話，我想，這是我沒錯。我會很激昂。

「有一件事比世界上所有軍
隊都要強大，那就是時機成
熟的想法。」

法國文豪維克多‧雨果

　　想法如果只放在一個人腦中，那想法不算活著（存在）。當你的想法被一
個個人接納，達到引爆點並獲得廣泛支持，這個想法才能活下來。

　　甘迺迪總統曾發表演說，宣布十年內，美國應該把人送上月球、再安全送
回來。他希望得到每位美國人的支持，因此在演講中說：「事實上，不會只有
一個人登月，而是一整個國家，是我們全體的努力將他送上月球。」甘迺迪希
望整個國家肩負起支持這個願景的責任。1960年代後期，甘迺迪前往美國航
空暨太空總署總部參觀時，曾緩下腳步與一名拿著拖把的男子交談。甘迺迪問

他：「你是做什麼的呢？」那位清潔人員說：「先生，我正努力讓第一個人登上月球。」這位清潔人員照理可以說：「我負責清潔地板和收垃圾。」但他視自己為實現總統偉大願景中的一分子。就他看來，他正在創造歷史。

「發表演說的唯一理由就是改變世界。」

美國第三十五任總統約翰・甘迺迪

用一席話改變世界

簡報（演說）真的可以改變世界。誰能想到一部與「演講」有關的電影居然能贏得奧斯卡獎、提高全球意識並引發改變？早在任何人注意到《不願面對的真相》（*An Inconvenient Truth*）這部紀錄片之前，美國前副總統高爾已做過數百場演講，試圖影響世界各地的觀眾。事實上，他早在1970年代就做過類似的演講。

你或許不需要改變整個世界，但你絕對可以用簡報（演說）來改變世界。書中介紹的幾位講者都持續不斷地進行演說。他們不是只講一次就算了，他們人生都不斷地傳達自己的願景。

想看到自己的想法被系統化採用，你必須簡報許多次才行。在你改變世界的過程中，一些關鍵的溝通里程碑將成為成功的催化劑。每個里程碑都是調整策略與合作、重整團隊的機會。有時候打造簡報過程中所進行的精采討論，就跟簡報本身一樣有價值。

> 「如果企業是決策工廠的話，那麼為決策提供訊息的簡報決定了決策的品質。」
>
> 美國作家暨品牌專家馬蒂·紐梅爾（Marty Neumeier）

以下是產品發表中需要用到簡報的幾個里程碑。每個都代表「產品生命週期」中常以簡報傳達的關鍵溝通階段。

簡報在產品生命週期中具有關鍵角色：

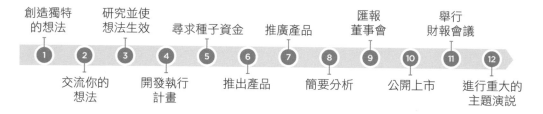

創造獨特
的想法

研究並使
想法生效

尋求種子資金

推廣產品

匯報
董事會

舉行
財報會議

① ② ③ ④ ⑤ ⑥ ⑦ ⑧ ⑨ ⑩ ⑪ ⑫

交流你的
想法

開發執行
計畫

推出產品

簡要分析

公開上市

進行重大的
主題演說

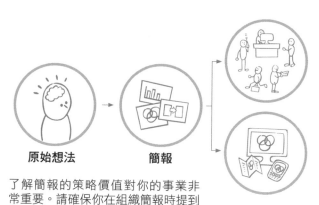

原始想法　　　　**簡報**

了解簡報的策略價值對你的事業非
常重要。請確保你在組織簡報時提到
這些改變世界的想法。如果沒有的
話，你只能傳承他人的想法並執行，
而不是用你的想法去影響新事物。

活動

呈現想法並受到認同後，簡報將
衍生出工作活動。大部分簡報目
的都是說服人們採取行動，所以
簡報會產生許多活動。

媒體

另外，簡報中出眾的想法鞏固後，
會不斷擴散並傳送給支持並散布
該想法所需的其他平台，如網站、
社群媒體、資料手冊等。

請記得，你的想法只溝通一次並不代表任務已經結束。通常要簡報很多次才能讓想法成為現
實。充分準備的簡報可以加快想法被採納並改變世界的速度！

不要用簡報做壞事

任何人只要快速瀏覽「安隆案」中所提交數百張做為證據的投影片，就會發現簡報在犯罪中可以發揮多大的作用。簡報是一種強而有力的說服工具，應該拿來做好事，而非壞事。

安隆執行長傑弗里・史基林（Jeff Skilling）、董事長肯尼思・萊（Kenneth Lay）、首席會計師李察・考希（Richard Causey）因這些簡報被控多項罪名。其中，三個人因財報會議的簡報被控十項罪名，肯尼思・萊因的兩項控訴還是針對簡報欺瞞員工的罪刑。由於他們的簡報透過電話和網絡科技傳送到不同州，因此被控以聯邦郵電欺詐罪（Wire Fraud）。實際上，史基林關於簡報的五項罪名中，每一項都被判處五十二個月的刑期。

簡報讓這些高管陷入危機，但正確的簡報卻可能完全阻止這場風暴。

- **醜聞始於簡報：**安隆公司的財務長安德魯・法斯托（Andrew Fastow）是安隆會計詐欺的策畫者，他利用「特殊目的實體」藏匿了數十億美元，最終中飽私囊四千五百萬美元。根據《今日美國》的報導，法斯托「在LJM合夥企業上所做的巧妙簡報（LJM是安隆為了隱藏債務而創立的組織），讓安隆的經理與分析師們面面相覷，因為聽起來情況好到令人不敢相信」。一位巧言令色的壞傢伙做的巧妙簡報，把所有人都捲進這場風暴中。

- **原本可以用簡報避免的醜聞：**安達信會計師事務所（Arthur Andersen）的大衛・鄧肯（David Duncan）曾在1999年2月對安隆董事會的審計委員會提出

收益表現（稀釋後每股盈餘）

$0.87　$1.00　$1.18　$1.47　$1.80　$2.15

15%　18%　25%　22%　19%

1997　1998　1999　2000　2001E　2002E

年平均增長率 20%

在 2001 年 8 月中旬，肯尼思·萊在一次員工會議上展示了這張投影片，保證安隆 2001 年一切都好，2002 年會更好。結果到 2001 年底，安隆公司已經一文不值。（投影片由美國司法部提供）

警告，指出該公司的會計處理方式具有風險性。這份簡報原本有機會拯救安隆。如果鄧肯大膽的在投影片上以大寫字母寫出「安隆的高風險做法需要接受調查」，那麼安隆或許可以避免走上滅亡一途。然而，鄧肯的筆記只能在密密麻麻的投影片頁緣找到寫著：「顯然，我們全數接受（風險）。」

安隆的主管們恣意妄為、貪婪和野心讓他們冒險一搏。組織崩解是必然的結果。他們身為簡報圖表的專家，卻展示銷售與利潤上升的預測，鼓勵員工投資，同時急著把自己的錢搬出去。提出問題的員工都被神祕地轉調其他部門。史基林提出下一波賺錢的大膽策略，例如進入寬頻和天氣期貨市場，進而分散投資者的注意力。（話說石油公司做天氣期貨做什麼？）

他們激進地設計出摒棄理性與真理的溝通方式，並以簡報做為宣傳手段，對員工、分析師和股東公然說謊。安隆後來破產，董事會和相關主管的信譽歸零，而數以萬計的員工財產盡失。

口語溝通可以建立王國，也可以讓王國倒台。簡報做為強而有力的說服媒介，應該被用來建設，而不是拿來破壞。

背景與事件說明

安隆公司（Enron Corporation），是家位於美國德州休士頓市的能源類公司，擁有約21,000名雇員，是世界上最大的電力、天然氣以及電訊公司之一。然而這間擁有上千億資產的公司卻是在持續多年精心策畫、系統化的財務造假下經營。最終於2001年底宣布破產，連鎖效應導致曾為全球五大會計事務所之一的安達信會計師事務所解體。這個醜聞既是美國歷史上最大破產案，也是最大的審計失敗事件。

安隆案期間股價與簡報的關聯

　　每年安隆進行的簡報數量高達數千次，其中不少跟安隆的衰亡有直接的牽連。下表重點列出醜聞事件中扮演重要推手的簡報：

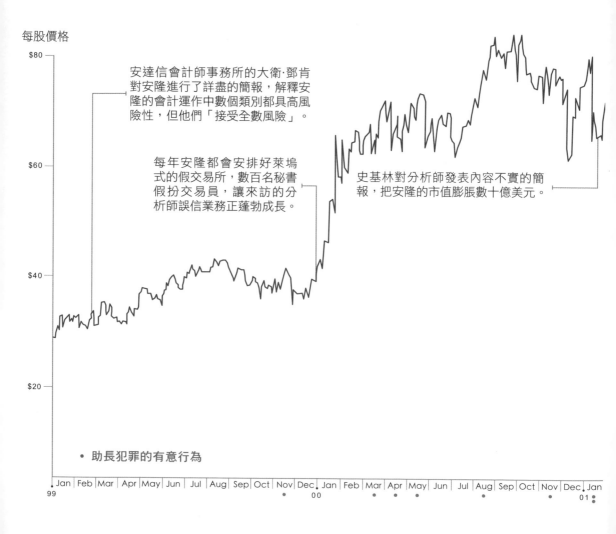

每股價格

安達信會計師事務所的大衛·鄧肯對安隆進行了詳盡的簡報，解釋安隆的會計運作中數個類別都具高風險性，但他們「接受全數風險」。

每年安隆都會安排好萊塢式的假交易所，數百名秘書假扮交易員，讓來訪的分析師誤信業務正蓬勃成長。

史基林對分析師發表內容不實的簡報，把安隆的市值膨脹數十億美元。

• 助長犯罪的有意行為

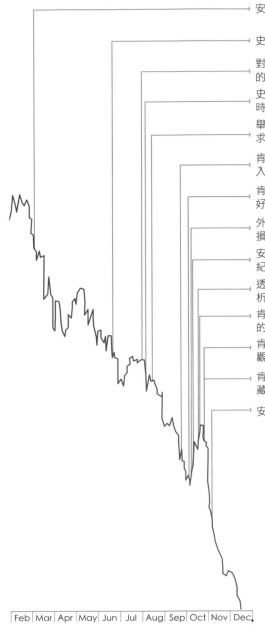

安隆律師寄出備忘錄質問 LJM 合夥企業

史基林在加州的能源危機簡報中臉遭砸派

對分析師的巡迴簡報中，肯尼思·萊和史基林指出安隆的狀況前所未有的強健

史基林對員工簡報，向其保證公司的獲利極佳，但數小時後即宣布裁員。

舉報人夏倫·華金斯 (Sherron Watkins) 在員工簡報中要求肯尼思·萊回應問題，但他並未這麼做。

肯尼思·萊向員工進行網路簡報，告訴他們自己正在買入公司股票，並鼓勵他們也這麼做。

肯尼思·萊在能源峰會向政策制定者要求撤銷相關管制，好讓安隆和美國蓬勃發展。

外部董事會被告知特殊目的實體迅猛龍 (Raptor) 出現虧損，但並未揭發。簡報結束時董事們認為安隆狀況良好。

安達信會計師事務所以視訊簡報知會同事銷毀不必要的紀錄。

透露安隆超過十億美元的虧損後，肯尼思·萊在證券分析師的電話會議中重申了樂觀的預測。

肯尼思·萊以簡報向分析師與基金經理人展示大幅上升的收益。

肯尼思·萊在經理人會議上表示安隆的「流動性很強」時，觀眾的黑莓機發出訊息指出安隆正接受美國證管會調查。

肯尼思·萊以網路直播向分析師們表示：「我們沒有隱藏任何事。」

安隆公開宣布他們連續五年誇大利潤。

| Feb | Mar | Apr | May | Jun | Jul | Aug | Sep | Oct | Nov | Dec |

02

以說謊之舌獲取財富，短暫
如浮雲，難逃死亡之網。

聖經箴言21:6

獲取競爭優勢

　　生活中，有人贏就一定有人輸。不僅商場如此，即使是信念與價值都會經歷有勝有敗的時期。根據溝通方式，被認為「對」或「錯」的事情不斷存在拉扯。

　　多數的溝通者都具有遠見，可以看見要去哪裡，以及如何到達那裡。公司主管「看見」公司必須到達的地方，經理「看見」如何擬定策略，工程師「看見」如何設計產品，行銷人員「看見」如何宣傳產品。甚至社會事業都是先被「看見」，才得到解決。身為溝通者的職責，是讓其他人「看見」你在說什麼，才能得到關注。如果能做到這一點，那你就贏了。

　　我最近跟一位在頂尖國際顧問公司工作的朋友共進晚餐。他的公司正與另一間領先業界的公司競爭一件數百萬美元的案子。他們組成最聰明的團隊，進行了最精采的簡報，但最後震驚得知自家公司並未勝出。原因是什麼？客戶表示雖然我朋友的公司確實比較優秀，但客戶無法理解他們所呈現的結果。他們卓越的才智被密密麻麻、看起來很厲害的投影片掩蓋了。我朋友的公司工作成果比較傑出，但另一間

公司傳達的方式卻比較有用。如果無法被理解的話，所有的聰明才智都毫無用武之地。

在競爭者概念不夠清楚的情況下，如果能讓利害關係人理解你的想法，就等於勝券在握。如果呈現夠好，一個聰明的想法可以成為引爆人力與材料資源的火花。優秀的簡報能賦予聰明的想法與優勢。

如果你的簡報夠精采，可以變成廣泛延伸的社群媒體現象。比起歷史上的任何時刻，現在精采的簡報更有機會超越講者當下的發表，能被數百萬未在場的人看見。你的簡報可以在發表之後，一再地被觀看。蘭迪·鮑許（Randy Pausch）「最後一堂課」（*The Last Lecture*）在YouTube上的點閱次數超過一千兩百萬次。專門舉辦十八分鐘長的TED演講，該網站有超過一億的觀看次數。馬丁·路德·金恩的「我有一個夢」演講，在YouTube上的觀看次數超過一千五百萬次。這些數字大到可以引發運動。一場精采、被攝錄下的來演說或簡報，人們就會一再觀看。

如果你的訊息夠清楚且值得被複誦，人們就會複誦。如果有人複誦你的訊息，你就贏了！聽起來很簡單吧？就是這麼簡單。

（最後一堂課）

美國民權運動領袖
馬丁·路德·金恩

馬丁·路德·金恩——他的夢想成真了

馬丁·路德·金恩是美國歷史上最偉大的演說家與民權運動領袖之一。他的目標是以和平手段終結種族隔離和歧視。1963年金恩在華盛頓林肯紀念堂台階上發表了激動人心的「我有一個夢想」演說,成為美國黑人民權運動的引爆點。

以下是「我有一個夢想」演說的幾個見解,下一節的迷你圖包含演說全文,可以幫助讀者看見下述的特色:

- **輪廓**:金恩的演說在現況與願景之間快速轉換,這對情緒高昂的集會來說是適當的節奏。

- **戲劇化的停頓**:金恩每次停頓時,我們就在迷你圖上標註分隔線。在閱讀時,可在每行結束時呼吸一二秒鐘,以了解金恩如何斷句。

- **重複**：金恩經常使用重複的修辭。在他整場演說中，他反覆重述幾個字串來強化重點。他最後多次重複「我有一個夢想」，就像聖歌的副歌一樣。

- **隱喻/視覺詞**：金恩巧妙的使用描述型語言，在群眾腦海中創造出圖像，例如：「現在是從種族隔離幽暗荒涼的深淵，攀上種族平等光明大道的時候。」

- **熟悉的歌曲、聖經與文學**：金恩引用許多觀眾熟悉的聖歌和聖經來建立共通點。他甚至改編了莎士比亞的一小段文句：「自由與平等的宜人秋天如果不來，對黑人於法不公的酷暑就不會過去。」

- **政治引述**：金恩引述了幾個政治素材如〈美國獨立宣言〉、〈解放宣言〉、《美國憲法》和〈蓋茲堡演說〉。

- **掌聲**：演說中有不同程度的掌聲，從鼓掌、到鼓掌加上響亮的歡呼聲都有。在十六分鐘的演講中，觀眾鼓掌了足足二十七次，等於每三十五秒左右鼓掌一次。

- **節奏**：金恩有時加快，有時放慢速度，以改變每分鐘說出的字數。這在他的演說中形成了三次不同的爆發，漸次加強，累積形成最後描述新福祉的熱情。

　　金恩的演說提升了美國民權問題的意識，為美國國會帶來壓力，使其推動民權立法並終結種族隔離與歧視。金恩在1963年被《時代》雜誌選為年度人物。短短四十六年後，美國選出了第一任非裔總統歐巴馬。

**　　偉大的傳播者可以創造運動。**

金恩的迷你圖

演說 ——
重複
隱喻或視覺詞
熟悉的歌曲、聖經或經文素材
引述政治素材

I 掌聲
II 熱烈掌聲
III 持久的掌聲與歡呼
[ ] 換行時沒有停頓

現況　　可能狀況（願景）

0:00　1:00　2:00　3:00　4:00

今天我很高興能與各位一起，參與美國史上為自由發聲最偉大的示威遊行。I

此一重大的法令，對於飽受不公不義的數百萬黑奴而言，宛如希望的燈塔，宛如歡悅的黎明，終結他們漫長黑奴而言的漫漫長夜。

然而，一百年後，黑人仍然尚未獲得自由

一百年後，黑人的生活仍在種族隔離的鐐銬和種族歧視的枷鎖下悲哀地被撕裂

一百年後，黑人生活在物質豐沛海洋中的貧窮孤島上

一百年後，黑人仍在自己的國土上遭到放逐

因此我們今天聚在這裡，就是要把這種可恥的狀況公諸於世

就某種意義而言，今天我們來到國家首都是為了要兌現支票

我們共和國的創建者為下憲法和獨立宣言的莊嚴文字時，對每一位美國人簽下了承諾

他們承諾給予所有人，是的，不論黑人還是白人，每位美國人都是繼承人，

保障他們「不可被剝奪的生存、自由與追求幸福等的權利」

今天很明顯的，美國對有色公民並未履行承諾。

美國並未遵守此項神聖的義務，只開給黑人一張空頭支票，到頭來被蓋上「存款不足」的章 II

我們來到這個聖地，是為了提醒美國此刻的急迫性，也非服用漸進主義鎮靜劑的時候。I

現在已沒有冷靜下來的餘裕 I

但我們不相信正義的銀行已經破產。

我們不相信，

這個國家巨大的機會之庫中居然會存款不足，

因此，我們今天來要求兌現支票，

一張讓我們開始追求實質自由與保障正義的支票。III

現在是實現民主諾言的時候。
現在是——
從種族隔離幽暗荒涼的深淵，攀上種族平等光明大道的時候。
現在是——
把我們的國家從種族不平等的流沙拯救出來，置於手足情誼堅若磐石上的時候。
現在是——對上帝所有子民實現公平正義的時候。

但對於站在正義宮殿溫暖門檻上的人們，我必須告訴你們：在爭取取合法地位的過程中，我們不要犯下錯誤的罪行。
我們不要為了滿足對自由的渴望而抱著怨懟與憎恨啜飲。
我們奮鬥時要永保高層次的尊嚴與紀律。
我們不能容許我們創新的抗議墮落為肢體暴力。
我們必須一次又一次的以精神力量到崇高境界，提昇物質力量到崇高境界。

（接下頁）

5:00　6:00　7:00　8:00　9:00

美國若忽視這個時刻的急迫性，將是致命的錯誤。
自由與平等的宜人秋天如果不來，黑人於此不公的酷暑就不會過去。
1963年並非結束，而是開始。
那些希望黑人發洩完就會心滿意足的人，如果美國依然如故，他們必將後悔莫及。
除非黑人被賦予公民的權利，否則美國將永無寧日。
反動的旋風將持續撼動國家的基礎，直到正義的光明之日到來為止。

黑人社群充滿令人讚嘆的蓬勃鬥爭精神，但我們絕不能因此不信任所有的白人。
因為我們許多白人兄弟已經體悟到，他們的命與運密不可分。
他們今天到我們的場就是證明。
他們已經體悟到他們的自由和我們的自由緊相連。
當我們前行時，我們必須誓言勇往直前，絕不後退。

有人問民權運動的獻身者，「你們什麼時候才會滿足？」

只要黑人仍是警方殘暴下的受害者，我們就絕不會滿足。
只要！我們因旅程而疲憊沉重的身軀，移動到較大的貧民區，僅是從較小的貧民區，我們就絕不會滿足。
無法在公路旁的小旅館或城市裡的飯店裡寄宿，只要黑人的基本移動範圍，我們就絕不會滿足。
只要我們的孩子仍被「僅供白人使用」的牌子剝奪自我，喪失他們的尊嚴，我們就絕不會滿足。
只要密西西比仍有一個黑人不能投票，只要紐約有一個黑人認為他的票無濟於事，我們就絕不會滿足。

現況　可能狀況（願景）

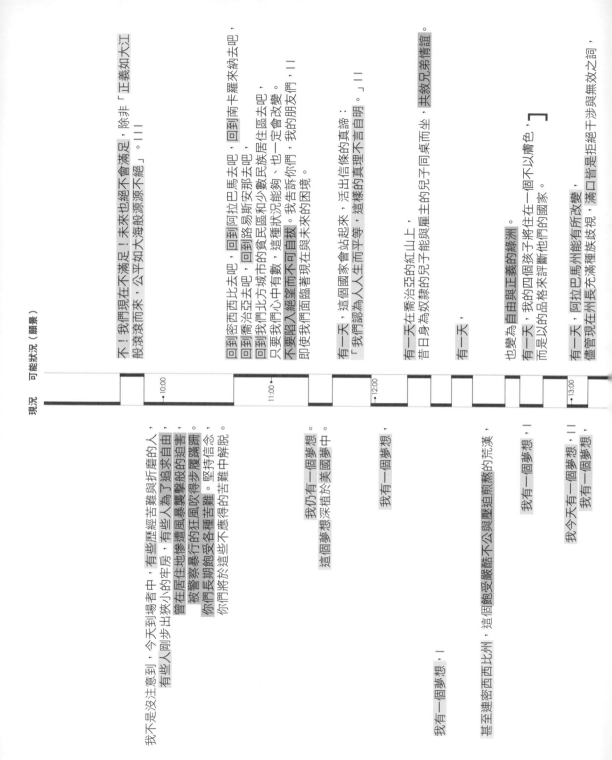

可能狀況（願景）

不！我們現在不滿足！未來也絕不會滿足，除非「正義如大江般滾滾而來，公平如大海般源源不絕」。

回到密西西比去吧，回到阿拉巴馬去吧，回到南卡羅來納去吧，回到喬治亞去吧，回到路易斯安那州去吧，回到我們北方城市的貧民區住區去吧，只要我們心中有數，這種狀況能夠一定會改變。不要陷入絕望而不可自拔。我告訴你們，我的朋友們，即使我們面臨著現在與未來的困境。

有一天，這個國家會站起來，活出信條的真諦：
「我們認為人人生而平等，這樣的真理不言自明。」

有一天在喬治亞的紅山上，昔日身為奴隸的兒子與雇主的兒子能同桌而坐，共敘兄弟情誼。

有一天，

也變為自由與正義的綠洲。

有一天，我的四個孩子將住在一個不以膚色，而是以品格來評斷他們的國家。

有一天，阿拉巴馬州能有所改變，儘管現在州長充滿種族歧視，滿口皆是拒絕干涉與無效之詞，

10:00
11:00
12:00
13:00

我不是沒注意到，今天到場者中，有些歷經苦難與折磨的人，有些人剛步出狹小的牢房，有些人為了追求自由，曾在居住地慘遭迫害，被警察暴行的狂風吹得步履蹣跚。你們長期飽受各種苦難，堅持信念。你們將於這些不應得的苦難中解脫。

我仍有一個夢想。
這個夢想深植於美國夢中。

我有一個夢想，

我有一個夢想，

甚至連密西西比州，這個飽受嚴酷不公與壓迫煎熬的荒漠，

我有一個夢想，

我今天有一個夢想，

我有一個夢想，

但有朝一日，那裡的黑人男孩女孩能與白人男孩女孩牽著手，
如同兄弟姊妹。

有一天，填平深谷、夷平高山，坎坷崎嶇之路成平坦大道，
上帝的榮光能被彰顯，讓普世都看到
這是我們的希望。我懷著這個信念回到南方。
有了這個信念，我們將從絕望之山劈出希望之石。
有了這個信念，我們能把這個國家刺耳的爭吵之聲，
變為一支兄弟情誼的優美交響曲。
有了這個信念，我們能夠一起工作、一起祈禱、一起奮鬥、
一起進囚房、一起為自由而挺身而出；
因為我們知道，終有一天，我們會得到自由。|

自由到來的那一天，上帝的子民將以新的意義唱出這首歌
「我的祖國，甜美的自由之鄉，我為你歌唱。
逝去我先人之地，前輩移民豪壯的地方，讓自由之聲響徹山岡。」
如果美國要成為一個偉大的國家，這個夢想必須實現。
因此讓自由之聲從新罕布什爾州的魏峨山嶺響起來！
讓自由之聲從賓夕法尼亞州崇山峻嶺響起來！
讓自由之聲從紐約的崇山峻嶺響起來！
讓自由之聲從加利福尼亞州冰雪覆蓋的群峰響起來！
讓自由之聲從科羅拉多州白雪皚皚的洛基山響起來！
不只如此，讓自由之聲從喬治亞州的石山響起來！！
讓自由之聲從田納西州的瞭望山響起來！！
讓自由之聲從密西西比州的大小丘陵間響起來！！
讓自由之聲從每一片山坡響起來。這是確實會發生的。
當我們允許自由之聲從許自由之聲起，
讓自由之聲從大小村莊、每一州和每一個城市響起來時，
我們能加速這一天的到來，那時，上帝的所有子民，
黑人和白人、猶太教徒與非猶太教徒、
新教徒與天主教徒將攜手合唱一首古老的黑人靈歌：
「終獲自由！終獲自由！感謝全能的上帝，我們終獲自由了！」|||

我今天有一個夢想，||
我夢想有一天，

14:00 | 15:00 | 16:00 | 16:30

━━ 演說
重複
隱喻或視覺詞
熟悉的歌曲、聖經或文學
引述政治素材
| 掌聲
|| 熱烈掌聲
||| 持久的掌聲與歡呼
［］換行時沒有停頓

「有一種活力、一種生命力、一種能量、一種情感激發，可以透過你轉化為動作。因為所有時間中都只有一個你，所以這種表達是獨一無二的。如果你阻礙了這種表達，它將永遠不再以任何媒介存在，永遠消失。」

瑪莎・葛蘭姆

案例研究
瑪莎・葛蘭姆——向世界表達他的感覺

　　瑪莎・葛蘭姆主要以舞蹈家的身分為人所知，但他也是位強而有力的溝通者。他的特色是所有希望成為傑出講者的人，都必須培養的能力。他不隨波逐流，因此脫穎而出。他在重重阻礙中堅持不懈。他對抗並克服自己的恐懼。他尊重觀眾，與他們產生深刻的連結。他從未怯於傳達自己最深沉的感受。

　　葛蘭姆一生不斷挑戰舞蹈是什麼，以及舞者可以做些什麼。他視舞蹈為探索、慶祝生命，以及需要全心奉獻的宗教召喚。

　　葛蘭姆是克服逆境成為一名舞者的。在他成長的環境中，舞蹈不是被認

可的職業。**後來他開始專研舞蹈，想以舞蹈為業，卻被嫌太老、太矮、太重、太樸素，因此不受重視。**他回憶道：「他們認為我夠資格當老師，不夠格當舞者。」但他知道自己想做什麼，因此一生熱切追求自己的目標。跳舞是他生命的重心。他懷抱熱情，願意冒著失去一切的風險，全心投入他的藝術。他常說：「我並未選擇當舞者，是舞蹈選擇了我。」

在葛蘭姆的眼中，傳統的歐洲芭蕾舞是頹廢、不民主的。古典芭蕾舞起源於三百多年前，最初是在歐洲皇室宮廷中的優雅表演。芭蕾舞是動作需要高度控制的舞蹈形式，特色是優雅與動作精確，卻非自由表達。

葛蘭姆揚棄傳統的芭蕾舞形式。他發明了革命性的舞蹈語言、創新的舞動方式，表達人類經驗常見的喜悅、熱情、悲傷等情緒。為了赤裸地呈現人類基本的心情與感受，他運用了鮮明有稜有角的動作、率直的手勢和嚴峻的面部表情，取代優雅的空中飛躍。他的舞蹈旨在挑釁及令人產生不安感。

這種舞蹈既不優美也不浪漫，並不是所有人都喜歡。因此葛蘭姆經常成為嘲諷與惡意取笑的對象。此時離美國婦女1920年取得投票權才沒過幾年，因此許多人仍看不慣追求職業並參與投票的「新婦女」形象。當時大眾可以接受高踢著腿、穿著涼快的合唱團女孩，但經營舞團，創造舞蹈來評論戰爭、貧困、不包容等現象的女性卻顯得不自然且可疑。

葛蘭姆以其鮮明的美式風格抗議。有人說他醜，有人說他極具革命性，但他始終堅持傳達自己的感受。

葛蘭姆認為，舞者動作透露出的祕密情感世界，不一定能用言語表達。他希望人們「感受」他的舞蹈，而非「理解」他的舞蹈。葛蘭姆從生活醜陋的一

面汲取靈感,並展示出來。他的每一支舞都有特殊的意義,表達了他曾在自己生活中克服的恐懼。

葛蘭姆在1930年首次演出一支令人難以忘懷、名為〈悲歎〉(*Lamentation*)的獨舞www。在這些難得的照片中,可以看到葛蘭姆坐在矮凳上,穿著管狀的裹布,露出臉、雙手與光腳。他在這支舞中充滿悲痛的搖晃身體,雙手探入彈性布料中,宛如要從自己的皮膚中掙脫一樣,不停扭動和扭曲。他成為難以忍受的悲傷和苦痛之軀。他並非跳一支悲傷的舞,而是試圖成為悲傷的化身。

葛蘭姆回憶說:「我最初幾次是在布魯克林演出,一位女士在表演結束後來找我,他看著我,臉色慘白,顯然哭過。他說:『你不會知道今晚你為我做了什麼。謝謝你。』說完就離開了。後來我探聽到他的故事,原來他親眼目睹九歲的兒子被卡車撞死。他試圖大哭

一場，卻做不到。他看到〈悲歡〉這支舞時，他感受到悲傷是值得被尊敬而舉世皆然的情緒，他為兒子哭泣沒什麼好羞恥的。這個故事是我人生中記憶深刻的故事，讓我意識到觀眾中總有一個人是你訴說的對象。一定有一個。」

葛蘭姆舞動的方式是把憤怒與悲傷回饋給觀眾。**他有把動作跟情緒串連起來的天賦，可以展現人們心中無法以言語表達的種種情緒。**

不管以任何媒介進行溝通都是艱苦的任務。葛蘭姆的舞蹈動作同樣得來不易。當新舞蹈的想法開始形成時，他就進入「悲慘時期」。葛蘭姆會工作到深夜，在床上撐坐著，寫下自己的想法、觀察、印象或書中的句子，任何能激發想像的事物。他說：「我會把打字機放在床上的小桌子上，用枕頭撐著背，徹夜不停地寫。」

他遍讀群書以尋求想法與靈感，他學習心理學、瑜伽、詩歌、希臘神話、聖經。寫滿筆記本的想法會逐漸展露出模式，接著他會寫出詳細的腳本。

葛蘭姆在作品中反覆描述一位被賦予崇高命運的女人，他必須克服恐懼才能回應生命的召喚。這是很私人的題材，葛蘭姆認為他被賦予了「孤獨且可怕的天賦」，這是一種滲透人心的神聖命令，無論他在其中會發現什麼令人不快的真理。

1955年，美國政府邀請葛蘭姆以文化大使的身分前往七個國家的主要城市巡迴演講。每一站他都安排講課，但他是位緊張型的講者。在他傳記《瑪莎》（*Martha*）中，作者艾妮絲·狄米爾（Agnes de Mille）描述了這個場景。「他手握欄杆，緊貼著牆壁。他手足無措，不知道該拿禮服怎麼辦。最後，他逃到更衣室裡鎖上了門。葛蘭姆一次又一次的嘗試，最終克服了恐懼。美國國務院

官員甚至稱他為「派往亞洲的大使中最傑出的一位」。

葛蘭姆直到九十多歲，都仍持續講課，他當時已把這些課發展成一種藝術形式。他是一位引人注目的人物，有著迷人的聲音、充滿詩意的觀點和無懈可擊的時間掌控，他知道如何讓觀眾著迷。

你可以說，葛蘭姆在試圖發現自己的過程中，建立了現代舞蹈的世界。在漫長的旅程中，他發明了新的舞動方式，那是一種獨特的舞蹈語言，不僅令全世界的觀眾激動不已，也加深了我們對「人類」意義的理解。

我們每個人都是獨一無二的。每個人都有自己的創造力模式，如果我們不加以表達，它就會永遠消失。葛蘭姆反抗舊俗、突破框架，勇於提出新想法。他受到喜愛，也受到謾罵，但仍堅持克服恐懼以傳達靈魂的感受。藉由致力傳達自己的感受，他改變了舞蹈。

保持透明

　　如果希望觀眾敞開心胸，必須願意做自己、保持真實，並且謙遜地敞開自己的心房。你必須要透明才行，雖然很難做到。站在觀眾面前已經是一大挑戰。對於舞台的恐懼，再加上要求講者必須透明，簡直嚇死人了。

　　保持透明可以消除你推銷自我的天性，使你的想法有更多空間受到注意。觀眾可以越過你，看到你的想法。

　　保持透明有三大關鍵：

- **誠實**：對聽眾誠實，展現真實的自己給他們看。你並不完美，他們也明白這一點。如果你對自己、也對他們誠實，你的簡報將展現更多脆弱與真誠的時刻。把自己呈現為全能全知、完美無瑕是不誠實的。如果你是真誠的，人性的一面就會展現出來。這意味著分享打開觀眾心房的故事，分享失敗的故事與克服的方法，讓人們看到你的「真我」。公開分享自己痛苦或快樂的時刻，觀眾會因為你的透明而喜愛你。

> 「忠於自己必須展現情感並分享情感。『我希望你能感受到我的感受。』是激勵大多數傑出說故事者的精神。有效的敘述就是為了實現這個目標。這就是訊息如何結合經驗，讓人難以忘懷。」
>
> 彼得·古伯

- **獨特**：世上不會有兩個人經歷完全一樣的考驗與勝利。一生中，你累積的故事和感受是其他人沒有的。這些差異是你之所以有趣的關鍵。儘管我們

傾向隱藏與他人的差異，好融入團體被接受，但我們獨特的觀點才是為主題帶來新觀點的要素。分享你的想法，並且接受這個事實——有時你是唯一看過你所見所聞的人。

- **不要妥協**：如果你確實相信自己傳達的內容，請自信表達，不要退縮。遭到嘲笑或拒絕的確很可怕，但有時這就是代價。嘗試以前沒人做過的事、或高談闊論以前沒人有勇氣面對的話題並不容易。《國王的新衣》故事中的那個孩子敢於說出實情，才粉碎了整個皇室的虛假。我們應該向他學習，實話實說。

我想變得透明，
這樣他們才可以理解我說的話。
我想減少自身焦點，
這樣我的想法才能被看見。
根據傳達的方式，
想法不是消逝就是被採用。
如果我誠實，
他們就能似我感同身受。
表現真誠和謙卑，
有助於放大我想說的話。
我拒絕放棄，
因為我真心相信這是應該做的正事。
這種感覺就像我是唯一能看到事情真正發生的人，
所以我會盡一切代價去做。

你可以改變世界

　　無論熱情傳達的機會是來自工作或其他活動，生活中你總會有簡報時刻，所以清楚呈現想法將發揮重要作用，塑造你會成為怎樣的人、留下什麼資產。

　　你的想法可能很簡單，也可能是解鎖未知謎題的鑰匙。但如果不好好傳達這些想法，它們就會失去價值，無法對人類帶來任何好處。

　　你對想法的重視程度，應該反映到你花在傳達這個想法的心力上。**對自己想法的熱情，應該讓你有花費心力傳達它的動力。**

　　在本書中，我們看了好幾個用演說改變現況的人。他們傳播自己的想法，為世界增加光輝、變得更美好。這些講者信仰不同、來自各行各業、熱情迥異，但他們都投資個人的時間精力，達到有效溝通的目的，進而改變他們的世界。看了他們所帶來的深遠影響時，我們很容易告訴自己達不到這種標準，因為他們的演說渾然天成，我們卻無法做到。但這並非事實。

　　本書介紹的人物都花了很多時間設計演說，苦惱該用什麼字與結構、該怎麼表達他們的想法。對他們來說，這些演說絕非易事，但他們想盡辦法傳達自己的觀點，以便能夠成功說服他人。有些人甚至為了想法賭上生命。

　　如果你在做的事沒帶來什麼啟發，或者沒有熱切傳達訊息的意願，就先去尋找生命的使命何在。本書介紹的講者包括激勵者、行銷人員、政治家、指揮家、講師、企業主管、人權運動者、藝術家。他們都有啟發人心的想法和獨特的溝通方式，你也可以做到。你只需要找到激發自己熱情的事物，接著運用紀

律來傳達這個想法，就像音樂家或舞蹈家錘鍊自己作品一樣。

如今，人們比過往更渴望突出且值得相信的卓越想法。當今文化吵雜的噪音實在太多，當有人真誠而熱情的提出想法時，就會受到矚目並產生共鳴。

人類本來就是為了創造想法而生，但要讓人們重視我們所相信的想法，才是困難所在。從想法的呈現方式來判定價值似乎不太公平，但這就是常態。**所以，如果你可以很好地溝通想法，你的體內就具有改變世界的力量。**

266   簡報女王的故事力

去改變
你的世界吧

結語

靈感俯拾即是

莫札特——格式內保持彈性
（Wolfgang Amadeus Mozart）

奧地利作曲家莫札特[1]

　　古典音樂有一種稱為奏鳴曲式的結構，跟簡報格式頗為類似。奏鳴曲有需要遵守的標準「規則」，但每首奏鳴曲聽起來都是獨一無二的。奏鳴曲並不會讓人感覺不自然或公式化，我們也能從中學到一些運用在簡報上的靈感。

奏鳴曲的三部分結構

　　好結構可以讓觀眾預期接下來會發生什麼。這部分可以參考奏鳴曲式的三個部分結構：

---

1. 原著雖標註奧地利作曲家，但莫札特（1756年1月27日－1791年12月5日）是生於神聖羅馬帝國時期的宮廷音樂家，出生地點薩爾斯堡總教區是現今奧地利。

❶ **開頭（呈示部）**：這個部分介紹出音樂主題，通常會重複，好讓聽眾能辨別音樂的中心思想。讓聽者完全理解最初的主題很重要，這樣一來聽眾才能辨識出更改後的主題（創造「現況」與「願景」能產生一種可辨識的差距）。

❷ **中段（發展部）**：音樂主題在這裡改變與重複。這是樂曲中最讓人興奮的一部分，因為聽眾會對作曲家如何更動中心思想感興趣。聽眾可以聽到開頭主題與後來進入發展部之間的張力。這部分帶有驚喜的元素。

❸ **結尾（再現部）**：想法經過發展部的改變後，再度回到原先的主題。當主題經過發展部的修改後再次展現，能賦予其特殊的感受。

奏鳴曲式

對比使音樂保持有趣

對比能讓簡報更有趣，音樂也是一樣。

❹ **調性對比**：簡單的說，調性對比是關鍵變化。班傑明·詹德曾在他的演說中（第82頁）提到，音樂有一個「家」，或是一個渴望回歸之處。那個家就是主調。合聲的美妙之處就在於，人的耳朵可以辨識我們何時離開了家，甚麼時候又回到家。

❺ **動態對比**：音樂大小聲轉換時會創造出動態對比。有時候轉換是突然的，有時則是漸進的。

❻ **織體對比**：首先是複音與單音——整個樂曲一定有清晰的旋律線。有時所有樂器統一演奏相同的旋律（單音），有時一種樂器演奏主旋律，其他樂器則搭配並伴隨主旋律（複音）。再者是密度，每小節演奏的音符數量決定了樂曲的密度。有時每小節只有幾個音符，有時候則有很多音符同時演奏。

有趣的奏鳴曲基礎在於各層次上有所對比，跟簡報十分相似。正如出色的奏鳴曲一樣，出色的簡報也應該遵守簡報的結構，但在限制內保持彈性。身為簡報的創作者，你應該創造動態的對比來保持觀眾的興趣。

以下幾頁迷你圖皆有標出上述奏鳴曲特色。

奏鳴曲迷你圖

　　這是我兒子對莫扎特〈第13號小夜曲〉（*Eine kleine Nachtmusik*）第一樂章的結構和對比的分析。你可以看到清楚的結構：一、開頭（呈示部）；二、中段（發展部）；三、結尾（再現部）。音樂中最重要的對比是第四點的調性對比。請注意其他兩種形式對比的廣泛性，第五點的動態對比與第六點的織體對比也很重要。

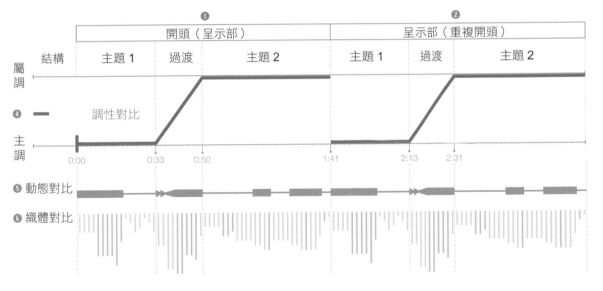

* 織體對比以顏色與條狀高度表示。黃色代表音樂家們演奏一致，藍色代表每位音樂家的演奏有所不同，綠色代表融合二者。條狀的高度代表音樂的密度。條狀短表示每小節的音符較少（典型的慢音樂），而條狀長則表示每小節的音符較多（典型的快音樂）。

沒有兩首奏鳴曲是完全相同的，因為偉大的作曲家知道如何在格式的限制中靈活變化。本書的網站上有一些奏鳴曲的視覺圖以及音樂。

「尾奏」是再現部之後再演奏的額外素材。賈伯斯的簡報就經常有這種尾聲。每當觀眾以為他已經公布所有資訊時，他就會呈上「喔，等一下，還有一點……」的時刻。

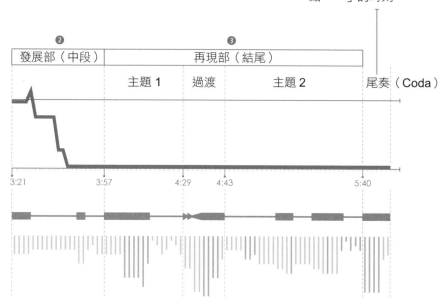

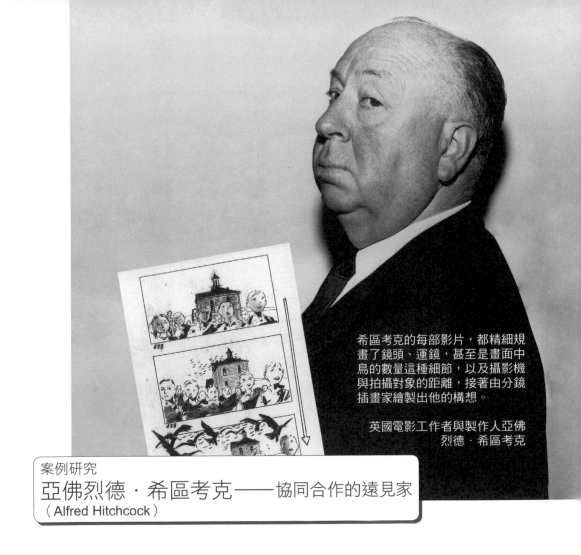

希區考克的每部影片,都精細規
畫了鏡頭、運鏡,甚至是畫面中
鳥的數量這種細節,以及攝影機
與拍攝對象的距離,接著由分鏡
插畫家繪製出他的構想。

英國電影工作者與製作人亞佛
烈德・希區考克

案例研究
亞佛烈德・希區考克——協同合作的遠見家
（Alfred Hitchcock）

　　講者是單一個人的公開角色,但實際上,最傑出的簡報往往是幕後得到授
權的團隊群策群力的結果。

　　亞佛烈德・希區考克負責控制自己電影的主要創作部分,但他十分倚賴
團隊進行創作發展和製作。他的想法在拍攝之前就已經寫完並繪製。**希區考克
先與編劇一起開發文字架構（腳本）,接著再與製作設計師共同創造視覺架構**

（草圖和分鏡腳本）。

- **文字架構**：對希區考克來說，一部電影真正的創作過程都在編劇辦公室發生。「我們聚在一起，從討論、論證、隨機建議、隨意閒聊，到關於某角色在某情況下會或不會做什麼的激辯，使電影腳本開始成形。」

　　希區考克毫無疑問地讓編劇發揮出最好的潛力。他們創造引人入勝的故事，發展出有趣的角色，編寫了扣人心弦的對話。結合希區考克的指導後，產生了影史上無與倫比的作品。

- **視覺架構**：希區考克不斷把電影視覺化。他最初以故事或想法開始，接著迅速為電影發展出畫面。過程中的每個步驟（服裝設計、製作設計、場景設計、視覺效果、場景描述、拍攝清單、分鏡腳本、運鏡角度圖）都包含與相對部門負責主管的對話。希區考克的合作者通常會採納導演的其中一個建議，以此為基礎加以擴展，把他們的想法融入共同創作的過程。希區考克在電影開拍之前，已詳細勾勒出他的電影樣貌。1962年他接受法國電影導演法蘭索瓦・楚浮（Francois Truffaut）的採訪時，稱自己「拍攝時從不看劇本，因為已經完全記住了這部電影。」

　　女演員珍妮特・利（Janet Leigh）描述了希區考克的拍攝手法：「電影早就在他的腦海中、腳本上。他給我看了模型組，並將微型攝影機穿過迷你家具，朝人偶移動，與實際拍攝手法如出一轍，精確到最細微的細節。」

　　電影的製作是一個高度協作的過程，其中每位參與者都帶來各層面的價值。我們越了解電影背後的創作過程，就越能了解有效的簡報背後的創作過程。

偉大的領導者會讚揚那些幫助他們登上舞台的幕後人士。領導力代表你要要讓支持團隊發揮最大的潛力，運用他們的優點和才能來擴展你的想法。接受他們為該計畫帶來的獨特價值，敞開心胸保持修改自己願景的彈性。

　　儘管希區考克是聚光燈下的矚目焦點，他仍允許其他人為他的作品帶來影響。

　　我的父親──本書獻給他──是希區考克《神祕雜誌》（*Mystery Magazine*）的其中一位撰稿人。他的短篇小說已公開至網上。<u>www</u>

康明斯是一位美國詩人、畫家、散文家、作家暨劇作家。他以優異成績從哈佛大學畢業，然後繼續（同樣在哈佛大學）取得英文與古典文學的碩士學位。康明斯熱愛寫作，為了成為更優秀的作家，他當時還上了高級寫作課，由老師指導他如何寫得更清楚、準確且簡潔。康明斯勤於練習到甚至傷了手腕。

雖然一般認為康明斯是前衛派詩人，但他的許多作品都符合詩的傳統形式。舉例來說，他的許多詩都是十四行詩（但帶有現代感），他偶爾會運用藍調詩歌和藏頭詩的形式。

康明斯深諳寫作之道。他先徹底理解規則，然後才打破規則。他不斷問自己：「語言還能拿來怎麼用？」

康明斯融合自身對詩與藝術的熱愛，把文字也化為形式的一種。他把英文單字拆開，把字母和音節的聲音和字義分開來。他也會把字展開，用標點符號和大寫來增加意義，或者創造視覺與聽覺效果。他強迫讀者慢慢讀，欣賞文字的聲音，一邊逐漸把單字重新組合回去，發現詩歌真正的涵意。

起初，一般大眾並不喜歡他的作品，因為他違反了太多規則、想法太前衛。幾十年來，他被詩壇譏罵，勉強維持生計。每次他熱切的把詩作給出版商過目時，總是一再得到「謝謝，不用了」的答覆。前後遭到十四家出版商拒絕後，康明斯索性自己把書付印，書名就取為「謝謝，不用了」（*No Thanks*），並把十四個拒絕他的出版商名單以骨灰罈的形狀印在書內。

f	微
eeble a blu	弱摸
r of cr	糊逐漸
umbli	減
ng m	弱的
oo	月
n(	光（
poor shadoweaten	可憐的影子
was	被吞噬
of is and un of	忽有忽無
so	所以

有時候康明斯會把一個單字用括號撬開，中間插進一個片語，用來表示兩個事件或想法正同時發生。

)h	）掛
ang	在幾
s	乎
from	破
thea lmo st mor ning	曉的早晨
ygUDuh	你得

第二次世界大戰期間，美國政府拘捕了西海岸的日裔美國人，其中許多是美國公民，政府強迫把他們囚禁於集中營。康明斯在詩歌中表達他的憤怒，模仿因無知而生的缺乏寬容。

ydoan	你不
yunnuhstan	你不懂
ydoan o	你不懂
yunnuhstan dem	不了解他們
yguduh ged	你得
yunnuhstan dem doidee	你知道他們髒
yguduh ged riduh	你得擺脫他們
ydoan o nudn	你什麼也不知道
LISN bud LISN	聽啊你聽啊
dem	他們是
gud	媽
am	的
lidl yelluh bas	小黃種人雜
tuds weer goin	種我們要
duhSIVILEYEzum	教化他們

（如果詩的意思不清楚，請試著大聲朗讀出來。）

if there are any heavens my mother will(all by herself)have
one. It will not be a pansy heaven nor
a fragile heaven of lilies-of-the-valley but
it will be a heaven of blackred roses

my father will be(deep like a rose
tall like a rose)

standing near my

(swaying over her
silent)
with eyes which are really petals and see

nothing with the face of a poet really which
is a flower and not a face with
hands
which whisper
This is my beloved my

               (suddenly in sunlight
he will bow,

& the whole garden will bow)

如果有天堂我母親會（獨自）擁有一座
它不會是三色堇的天堂或
是嬌弱的鈴蘭天堂
而是黑玫瑰天堂

我的父親會（跟玫瑰一樣深切
跟玫瑰一樣高大）

靠近的站著

（主導著他
沈默）
眼睛有如花瓣

他詩人的臉看不到其他
他的臉其實是花
他的雙手
低語
這是我所愛的我的

      （突然間在日光中
他鞠躬

整個花園跟著鞠躬）

康明斯想像他父母人在天堂。他留下
了一些未完的文字，讓我們了解話語
可能逐漸消失，變為想法，而未說出
口的話語仍可以被理解。

康明斯一直到五十六歲時，詩歌才開始得到應有的認可。隨著事業有所起
色，他開始四處旅行並在觀眾爆滿的禮堂中舉行自己的詩歌朗誦會，逐漸成為
美國最著名的詩人。美國沒有其他詩人比康明斯更會玩弄文字，也沒有人比他
更擅長在頁面上排列文字。許多詩人都模仿過他的風格，但他們的嘗試僅證明
了要掌控這種風格有多困難。他是真正的創新者。

先了解規則很重要，如此一來才能知道如何靈活運用規則，甚至打破規則以創造意義。

許多改變世界的人，打破規則、違反標準慣例。他們脫穎而出、敢於不同，有時甚至遭到謾罵。有時候一個想法實在太過與眾不同，可能顯得驚世駭俗，但這是引起注意所需付出的代價。你的想法最初可能遭到拒絕，但請記得，堅持下去就能讓該想法從被拒絕到考慮、最終為人採納。請努力傳達你的想法，直到你知道，自己已竭盡所能協助英雄們在他們的旅程上前進。

你的想法很強大。人類腦中的一個想法可以改變世界。莫扎特、希區考克、卡明斯都探索並發展了過去不曾存在的新觀念，從而徹底改變了他們的領域。

你也有機會藉由自己的想像力來影響未來。想像實現你想法的未來，這會不斷激發你熱切地傳播自己的想法。

保持靈活、懷抱遠見。現在就去改寫所有的規則吧！

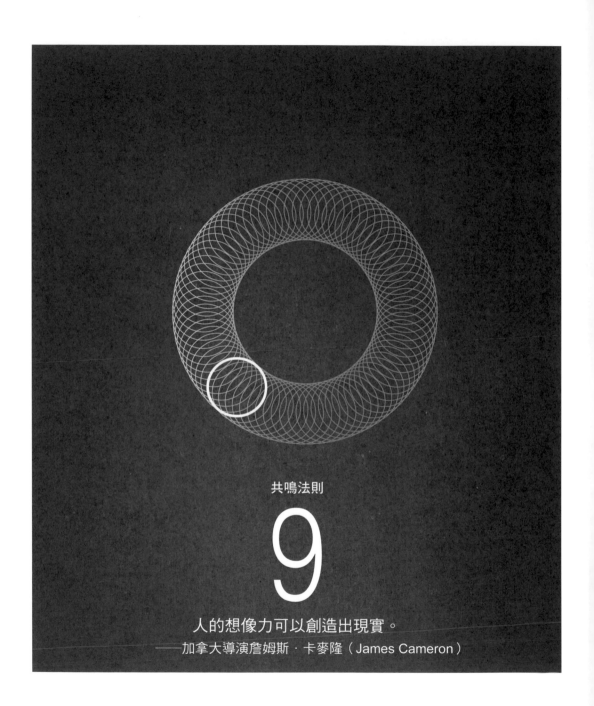

共鳴法則

9

人的想像力可以創造出現實。
——加拿大導演詹姆斯‧卡麥隆（James Cameron）

版權註記

1. 說服的強大力量　32、33
   Benjamin Zander: TED/Andrew Heavens,
   Beth Comstock: Photographed by Frank Mari,
   Ronald Reagan: Courtesy Ronald Reagan
   Library, Leonard Bernstein: AP Photo/
   Terhune, Richard Feynman: Courtesy of the
   Archives, California Institute of Technology,
   Pastor John Ortberg: Courtesy of Menlo Park
   Presbyterian Church, Steve Jobs: AP Photo/
   Paul Sakuma, Martin Luther King Jr.: AFP/
   Getty Images, ©Barbara Morgan/Courtesy of
   the Martha Graham Center of Contemporary
   Dance

2. 共鳴創造與人連結　34
   Chladni plates: Photographed by Anthony
   Duarte

3. 沒共鳴，好想法也胎死腹中　38、39
   Hand: ©iStockphoto.com/Владислав Сусой

4. 人類只記得住對比與衝突　41
   BOTH WORLDS: ©BOTH WORLDS, 2010,
   Cecilia Paredes, Ruiz Healy Fine Arts. All
   rights reserved.

5. 簡報要有趣，先注入人性　43
   Guy behind board: Photographed by Mark
   Heaps Cork board: ©iStockphoto.com/Maxim
   Sergienko

6. 傳達有意義的故事　47
   Projector screen: ciStockphoto.com/Nancy
   Louie

7. 你不是簡報中的英雄　48
   All-about-me guy (Ryan Orcutt):
   Photographed by Mark Heaps

8. 觀眾才是整個場子的英雄　51
   Luke Skywalker & Yoda: Courtesy of Lucasfi
   lm Ltd. Star Wars: Episode V – The Empire
   Strikes Back TM & © 1980 and 1997 Lucasfi
   lm Ltd. All rights reserved. Used under
   authorization. Unauthorized duplication is a
   violation of applicable law.

9. 中段①創造對比　74
   M.C. Escher: M.C. Escher's "Circle Limit IV" ©
   2009 The M.C. Escher Company-Holland. All
   rights reserved. www.mcescher.com

10. 案例研究：班傑明・詹德　82
    Ben Zander: TED/Andrew Heavens HOW DO
    YOU RESONATE WITH

11. 如何與觀眾產生共鳴　89
    Duarte Heroes: Photographed by Mark Heaps

12. 區隔你的觀眾—「蒐集」同理心　91
    Beers: ©iStockphoto.com/Julian Rovagnati

13. 案例研究：雷根總統　92
    Ronald Reagan: Courtesy Ronald Reagan
    Library

14. 先說出風險在哪裡　116
    Butterfl ies: ©iStockphoto.com/Jordan
    McCullough

15. 案例研究：奇異國際（股）公司　121
    Beth Comstock: Photographed by Dave
    Russell

16. 天馬行空的發想　129
    Stack of sticky notes: ©iStockphoto.com/
    Marek Uliasz

致謝——圖解版

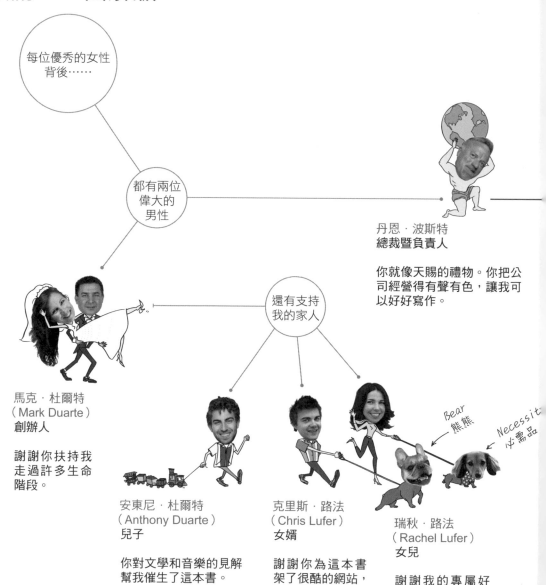

每位優秀的女性
背後……

都有兩位
偉大的
男性

丹恩・波斯特
總裁暨負責人

你就像天賜的禮物。你把公司經營得有聲有色，讓我可以好好寫作。

還有支持
我的家人

馬克・杜爾特
（Mark Duarte）
創辦人

謝謝你扶持我
走過許多生命
階段。

安東尼・杜爾特
（Anthony Duarte）
兒子

你對文學和音樂的見解
幫我催生了這本書。

克里斯・路法
（Chris Lufer）
女婿

謝謝你為這本書
架了很酷的網站，
還有，謝謝你這
麼愛我女兒。

瑞秋・路法
（Rachel Lufer）
女兒

謝謝我的專屬好
友，你常常讓我發
笑，還教我共鳴
的道理（不管是
物理或生活上）。

Bear
熊熊

Necessit
必需品

謝謝這群聰明傑出的溝通者，很榮幸能與你們共事：

Adam	Carol	Drew	James B.	Jonathan	Liz	Melissa	Paula	Terri
Alex	Chris F.	Ed	James N.	Josiah	Lyndsey	Michael	Rob	Tricia
Anne	Dan G.	Elizabeth	Jasper	Katie	M	Michal	Robin	Trish
April	Daniel	Erik	Jessica	Kerry	Marisa	Michele	Ryan F.	Vonn
Brent	Darlene	Fabian	Jill	Kevin	Mark H.	Nicole	Ryan O.	Yvette
Brooke	Dave	Harris	Jo	Kyle	Megan	Oscar	Stephanie	
Bruce	Doug	Helen	Jon	Laura	Melinda	Paul	Steve	

以及才華洋溢的團隊

艾瑞克・亞柏斯頓
（Eric Albertson）
教學設計總監

你好大的膽子敢一再謀殺我的心血，要我一直重做……

克麗斯汀・巴茲爾
（Krystin Brazle）
前溝通經理

做夢都想不到有人能為我分攤這麼多工作！謝謝！

戴安德瑞・麥西爾絲
（Diandra Macias）
創意總監

這本書美得令人屏息。戴安德瑞，謝謝你的努力付出以及多年的友誼。

米琪拉・卡絲特洛娃
（Michaela Kastlova）
美編

米琪拉，謝謝你這麼仔細的設計這本書。

簡報女王的故事力！矽谷最有說服力的不敗簡報聖經
Resonate: Present Visual Stories that Transform Audiences

作者	南西‧杜爾特（Nancy Duarte）
譯者	毛佩琦
商周集團榮譽發行人	金惟純
商周集團執行長	郭奕伶
視覺顧問	陳栩椿

商業周刊出版部

總編輯	余幸娟
責任編輯	潘玫均
封面設計	林芷伊
內頁排版	廖婉甄
出版發行	城邦文化事業股份有限公司-商業周刊
地址	104台北市中山區民生東路二段141號4樓
傳真服務	（02）2503-6989
劃撥帳號	50003033
戶名	英屬蓋曼群島商家庭傳媒股份有限公司城邦分公司
網站	www.businessweekly.com.tw
香港發行所	城邦（香港）出版集團有限公司
	香港灣仔駱克道193號東超商業中心1樓
	電話：(852)25086231　傳真：(852)25789337
	E-mail：hkcite@biznetvigator.com

製版印刷	中原造像股份有限公司
總經銷	聯合發行股份有限公司　電話：(02) 2917-8022
初版1刷	2020年3月
初版6.5刷	2021年3月
定價	460元
ISBN	978-986-7778-99-4

國家圖書館出版品預行編目(CIP)資料

簡報女王的故事力!: 矽谷最有說服力的不敗簡報聖經 / 南西.杜爾特(Nancy Duarte)著 ；
毛佩琦譯. -- 初版. --
臺北市 : 城邦商業周刊, 2020.03
　面；　公分
譯自 : Resonate : present visual stories that transform audiences
ISBN 978-986-7778-99-4(平裝)
1.簡報
494.6　　　　　　　　　　　　　　　　　　　　109001282

藍學堂

學習・奇趣・輕鬆讀